# 微生物生态学实验教程

主　编　韩燕峰　贵州大学
　　　　董醇波　贵州大学

编　委（以姓氏拼音为序）
　　　　陈万浩　贵州中医药大学
　　　　韩淑梅　贵州大学
　　　　邵秋雨　贵州民族大学
　　　　王　垚　贵州医科大学
　　　　王宝林　贵州师范大学
　　　　张延威　贵州师范学院
　　　　张芝元　贵州民族大学

U0282122

西安交通大学出版社
XI'AN JIAOTONG UNIVERSITY PRESS

**图书在版编目(CIP)数据**

微生物生态学实验教程 / 韩燕峰，董醇波主编.
西安：西安交通大学出版社，2024.10. -- ISBN 978 - 7 -
5693 - 2454 - 9

Ⅰ. Q938.1 - 33

中国国家版本馆 CIP 数据核字第 2024173SV9 号

Weishengwu Shengtaixue Shiyan Jiaocheng

| | |
|---|---|
| 书　　名 | 微生物生态学实验教程 |
| 主　　编 | 韩燕峰　董醇波 |
| 责任编辑 | 郭泉泉 |
| 责任校对 | 李　晶 |
| 装帧设计 | 伍　胜 |

| | |
|---|---|
| 出版发行 | 西安交通大学出版社 |
| | （西安市兴庆南路 1 号　邮政编码 710048） |
| 网　　址 | http://www.xjtupress.com |
| 电　　话 | (029)82668357　82667874(市场营销中心) |
| | (029)82668315(总编办) |
| 传　　真 | (029)82668280 |
| 印　　刷 | 中煤地西安地图制印有限公司 |

| | |
|---|---|
| 开　　本 | 787mm×1092mm　1/16　　印张　10　　字数　205 千字 |
| 版次印次 | 2024 年 10 月第 1 版　　2024 年 10 月第 1 次印刷 |
| 书　　号 | ISBN 978 - 7 - 5693 - 2454 - 9 |
| 定　　价 | 48.00 元 |

# 前　言

　　欢迎来到微生物生态学实验的世界，这是一个充满奥秘与神奇、探索与发现的领域。微生物，包括细菌、真菌、病毒等，是地球上多样性最丰富的生物群体之一。它们在生态系统中扮演着关键角色，包括初级生产者、有机物的生物降解及与植物和动物的共生关系。微生物生态学是一门研究微生物与其周围环境之间相互关系的学科，其研究内容非常广泛，涵盖了从微观到宏观各个层面的相互作用和生态过程，主要包括微生物群落的组成与多样性、微生物与环境的相互作用、微生物在生态系统中的功能、微生物生态学的理论与方法、微生物群落构建与演化、微生物对环境变化的响应和微生物生态学的应用等。

　　近年来，随着科学技术的飞速发展，微生物生态学的研究方法得到了快速的发展和创新，主要包括微生物培养技术、高通量测序技术、宏基因组学和宏转录组学、稳定同位素探测技术、生物信息学、显微和成像技术及分子生物学技术等。这些方法的综合运用为微生物生态学研究提供了多维度的视角，使得研究者能够更全面地理解微生物在生态系统中的地位和功能。本教程提供了一系列精心设计的实验方法和技术，旨在帮助读者深入了解微生物在自然和社会生态系统中的角色、作用和影响。在这些实验中，通过亲手操作、观察和分析微生物群落，可以理解它们如何与环境相互作用，以及它们对生态系统健康和人类生活的重要性；通过观察和分析实验结果，可以掌握微生物群落的识别、分类和计数方法，了解微生物对环境变化的响应机制。此外，本教程还将探讨微生物在农业、工业、医药等领域的应用，帮助我们建立从实验室到现实世界的联系。本教程按照由浅入深的原则设计，每个实验都有详细的操作步骤、所需的材料和设备列表，以及实验结果的分析方法等。同时，本教程还提供了丰富的参考文献，以帮助读者扩展知识和深化理解。

　　通过对本教程的学习，希望大家不仅能够掌握微生物生态学的实验技能，而且能够拓展新的研究领域和纵向深度，激发大家对微生物世界的好奇心和探索精神。让我们一起踏上这段探索微生物奥秘的旅程，揭示它们在我们生活中无处不在的影响和价值。

最后，在本教程编写的过程中，我们要感谢参与资料收集的研究生葛伟、陆莹霞、彭兰、王海燕、李旭、冉青松、夏文采、杨云深、白艳敏、李承龙、何照英、张学倩和赵水，还要特别感谢喻理飞教授、邹晓教授、王志杰教授、陈孝玉龙教授、杨建松副教授、张健副教授、王健健副教授、薛旭副教授、周长威副教授、侯双双博士、杨丹博士、严令斌博士、徐明博士、周叶鸣博士、陈志飞博士、刘媛博士等老师长期以来提供的支持和帮助。此外，我们也要对所有参与提供反馈和建议的朋友和学生表示感谢，正是这些宝贵的第一手资料，帮助我们不断改进和完善教程内容。

尽管我们已经尽最大努力确保教程内容的准确性、可操作性和全面性，但由于微生物生态学是一个快速发展的领域，新的研究成果层出不穷，难免会有一些最新进展未能包含在内。此外，由于篇幅和水平所限，我们无法对每一个相关主题进行深入探讨。我们期待读者的理解和反馈，希望在未来的版本中能够解决这些问题，并持续为读者提供更加丰富和更新的资源。

韩燕峰

于贵州大学生命科学学院

2024 年 5 月 1 日

# 目　录

# 第1章 微生物生态学的基础实验技术

微生物生态学的基础实验技术是开展微生物与其环境相互作用研究的常用方法和重要手段。这些技术涵盖了从微生物的分离、鉴定到群落结构分析等多个方面，主要包括微生物分离、培养、观察、接种、保藏、染色、计数等常规技术，这些技术在微生物学课程学习和实验操作时已有所了解和掌握，但为了使这门课程更加完整，本章简要介绍了8个基础实验技术。

## 实验 1-1 常规培养基的制备

### 实验概述

微生物具有许多重要功能，但因为其体型微小、肉眼不可见，所以难以被认识和研究。微生物培养基是用于培养和维持微生物生长的营养物质的组合，是研究微生物的生长、生理、代谢等的基本条件。不同类型的培养基有助于适应不同营养的微生物的分离培养。这些实验将为以后微生物的功能研究和可持续开发利用奠定前期基础。

### 目的要求

了解培养基的制备原理并掌握其制备过程。

### 实验原理

培养基是根据微生物的生长和发育需求，经过调配不同组分的营养物质而组成的营养基质。在自然界中，微生物种类繁多，它们因营养类型不同而具有不同的营养物质需求，加之实验和研究目的的不同，培养基的组成原料也各有所异。然而，无论是哪种类型的培养基，都应当包含满足微生物生长和发育所需的水分、碳源、氮源、无机盐、生长因子及一些微量元素。此外，培养基还应具备适宜的酸碱度(pH)、一定的缓冲能力、适当的氧化还原电位和渗透压。

### 实验步骤

培养基制备的具体流程包括原料称量和溶解、pH调节、分装、封口、包扎及灭菌。

1. 原料称量和溶解：首先，在容器中倒入1/2或2/3所需的水量（一般选用蒸馏水）。接着，按照培养基配方，精确称取各种原料，并依序加入水中。搅拌，使各种成分充分溶解后，再添加水至所需的总量。

2. pH 调节：根据微生物的生长需求，使用 pH 试纸或 pH 计测定培养基的 pH，并使用 10% NaOH 或 10% HCl 来调节至所需的 pH 值。

3. 分装：将液体培养基或温度为 40 ℃左右的固体培养基分装至试管或三角瓶中。在分装过程中，避免培养基碰到试管口或瓶口。一般来说，试管的装量为其高度的 1/5～1/4，而三角瓶的装量不应超过其高度的 1/3。

4. 封口：完成培养基的分装后，应立即将试管或三角瓶塞上适当大小和松紧的棉塞或硅胶塞。通常将其长度的 3/5 插入管（瓶）口内。

5. 包扎及灭菌：用牛皮纸或锡纸包扎好瓶口，利用高压蒸汽灭菌锅对试管或三角瓶进行灭菌处理。灭菌完成后，最好取出部分培养基在温箱中培养 1～2 d，检查是否有杂菌生长，确认无菌后方可使用。应将制备好的培养基存放在干净的柜子中备用。若保存时间过长，则可能会因失水导致干燥而不再适用。

## 注意事项

1. 调节 pH 时，要小心操作，避免回调。不同培养基各有配制特点，要注意具体操作。

2. 分装时，不要让培养基碰到试管口或瓶口。

3. 制备固体培养基时，如果是用琼脂粉，则可直接将之与药品一起称量分装；如果是用琼脂，则首先应称量琼干脂条，然后将其加入已煮沸的液体培养基中，在沸腾状态下持续搅拌，以防止底部糊化，直到琼脂条完全溶解，同时，应补充水分至所需量。

表 1-1 列出了微生物生态学研究中的 10 种常规培养基配方。

表 1-1　常规培养基配方表

| 培养基名称 | 培养基成分 |
| --- | --- |
| PDA 培养基 | 马铃薯 200 g（削皮、切块、煮烂、取滤液），葡萄糖 20 g，琼脂 20 g，用去离子水补足至 1 L，pH 自然 |
| LB 培养基 | 胰蛋白胨 10 g，酵母提取物 5 g，NaCl 10 g，琼脂 20 g，去离子水 1 L，pH 值为 7～7.4 |
| Ashby 无氮培养基 | 甘露醇 10 g，$KH_2PO_4$ 0.2 g，$MgSO_4 \cdot 7H_2O$ 0.2 g，NaCl 0.2 g，$CaSO_4 \cdot 7H_2O$ 0.1 g，$CaCO_3$ 5 g，琼脂 20 g，0.5%刚果红溶液 10 mL，蒸馏水 1 L，将 pH 值调至 7 |
| KBA 培养基 | 蛋白胨 20 g，甘油 10 mL，$K_2PO_4$ 1.5 g，$MgSO_4 \cdot 7H_2O$ 1.5 g，去离子水 1 L，pH 值为 7～7.4 |
| 营养琼脂培养基 | 牛肉膏 3 g，NaCl 3 g，琼脂 20 g，去离子水 1 L，pH 自然 |
| 解磷培养基（NBRIP 培养基） | 蔗糖（葡萄糖）10 g，$Ca_3(PO_4)_2$ 5 g，$MgCl_2$ 5 g，$MgSO_4 \cdot 7H_2O$ 0.25 g，KCl 0.2 g，$(NH_4)_2SO_4$ 0.1 g，琼脂 18～20 g，蒸馏水 1 L，将 pH 值调至 7 |

续表

| 培养基名称 | 培养基成分 |
|---|---|
| 蒙金娜培养基 | 蔗糖(葡萄糖)10 g，(NH₄)₂SO₄ 0.5 g，NaCl 0.3 g，KCl 0.3 g，FeSO₄·7H₂O 0.03 g，MnSO₄·7H₂O 0.03 g，CaCO₃ 5 g，卵磷脂 0.025 g，琼脂 18～20 g，蒸馏水 1 L，将 pH 调至 7.2～7.4 |
| 亚历山大罗夫培养基 | 蔗糖 5 g，MgSO₄·7H₂O 0.5 g，Na₂HPO₄ 2 g，FeCl₃ 5 mg，CaCO₃ 0.1 g，钾长石粉 1 g(去离子水洗涤 5 次)，琼脂 20 g，pH 值为 7，去离子水 1 L，溴百里酚蓝(BTB)0.1 g |
| 酵母菌富集培养基 | 葡萄糖 50 g/L，尿素 1 g/L，(NH₄)₂SO₄ 1 g/L，KH₂PO₄ 2.5 g/L，Na₂HPO₄ 0.5 g/L，MgSO₄·7H₂O 1 g/L，FeSO₄·7H₂O 0.1 g/L，酵母膏 0.5 g/L，孟加拉红 0.03 g/L，pH 值为 4.5 |
| 马丁氏培养基 | 葡萄糖 10 g/L，蛋白胨 5 g/L，KH₂PO₄ 1 g/L，MgSO₄·7H₂O 0.5 g/L，琼脂 20 g/L，孟加拉红 0.03 g/L，链霉素 30 μg/mL，金霉素 20 μg/mL |

注：PDA 指马铃薯葡萄糖琼脂。

## 思考题

1. 如何对所制备的培养基进行质量控制？有哪些常见的质量控制指标？
2. 在常规培养基的制备过程中有哪些可能的污染来源？如何避免这些污染？

# 实验 1-2 高压蒸汽灭菌技术

## 实验概述

高压蒸汽灭菌锅是一种常用的灭菌设备，广泛用于医疗机构、科研实验和食品加工等领域。其工作原理是利用高温、高压的蒸汽对物品进行灭菌，以杀灭其上的细菌、真菌、病毒等微生物，确保物品的无菌状态。

## 目的要求

1. 了解高压蒸汽灭菌锅的灭菌原理。
2. 掌握高压蒸汽灭菌锅的操作方法。

## 实验原理

高压蒸汽灭菌锅内部的蒸汽温度通常可达到 121 ℃以上，这能够有效地破坏微生物的细胞壁和蛋白质结构，导致微生物失活。此外，水蒸气会在密闭的高压蒸汽灭菌锅内部形成高压，能够确保高温蒸汽渗透到物品表面的微小缝隙中，确保对所有表面进行均匀灭菌。通常，灭菌过程需要持续一定的时间，以确保达到灭菌效果。

## 实验步骤

以全自动高压蒸汽灭菌锅为例。

1. 接通电源。

2. 逆时针旋转手轮，拉开外桶盖。将待灭菌物品放入高压蒸汽灭菌锅，并顺时针旋转手轮，直到关门指示灯灭。

3. 检查高压蒸汽灭菌锅的水位指示灯，如水位指示灯显示为"缺水"状态，则需注入双蒸水，直至水位指示灯变为"标准"状态。

4. 将排气管放入冷水中，并关紧手动放气阀。

5. 在确认高压蒸汽灭菌锅锅盖已完全密闭锁紧后，开始设定温度和时间。

(1)按"设定"键，将温度设置为 121 ℃。

(2)按"设定"键，将灭菌时间设定为 30 min(具体时间根据实验需要设定)。

(3)再按"设定"键，过 2 s 后，自动返回到温度显示，完成设定。

(4)按"工作"键，系统正常工作，进入自动控制灭菌过程。

6. 高压蒸汽灭菌锅数码显示器会显示设定温度和当前温度。灭菌过程中，温度会不断上升。当温度在 103 ℃以下时，会自动排气。当温度达到 103 ℃时，自动排气停止。当温度达到设定温度时，计时指示灯会亮，灭菌开始计时。灭菌完成后，需待压力表指针回到零刻度且温度低于 60 ℃时，方可取出灭菌物品。

7. 灭菌结束，切断电源。

## 思考题

1. 相比于其他消毒方法，高压蒸汽灭菌技术有何优势和局限性？

2. 如何安全地操作高压蒸汽灭菌锅？

# 实验 1-3 超净工作台无菌操作技术

## 实验概述

超净工作台是一种用于微生物学和细胞生物学实验的高效防护设备，能提供洁净的工作环境，以避免外界污染对实验结果的影响。超净工作台无菌操作技术指在超净工作台内进行的无菌操作，是保持实验材料无菌状态的一种方法。

## 目的要求

熟练掌握超净工作台的使用方法。

## 实验原理

超净工作台是实验室中常用的一种设备，其主要作用是提供一个无菌、无尘的工作环境，以保证实验的准确性和可靠性。其实验原理主要有以下几点。

1. 空气过滤：超净工作台内部配备有高效过滤器，通常为高效空气过滤器（HEPA）或超高效空气过滤器（ULPA）。这些过滤器能够有效过滤空气中的微小颗粒和微生物，如细菌、病毒等，保证工作区域的空气质量。

2. 垂直流通风：超净工作台采用垂直向下的空气流通方式，通过风机将外部空气吸入过滤器，进行净化后再从顶部向下吹出，形成一个无菌的工作区域。这种垂直流通风方式可以将污染物迅速带离工作区域，避免其对实验样品的污染。

3. 正压控制：超净工作台内部维持一定的正压状态，即工作区域的压力大于周围环境的压力，这样可以防止外部空气和微生物进入工作区域，保持工作区域的洁净性。

4. 紫外线杀菌：超净工作台内配备紫外灯，可在实验结束后使用紫外线照射工作区域，以杀灭可能存在的微生物，进一步确保工作区域的无菌状态。

综合来说，超净工作台通过过滤空气、垂直流通风、正压控制和紫外线杀菌等方式，提供一个无菌、无尘的工作环境，保证实验的准确性和可靠性。它广泛应用于生物医药研究、微生物学实验、细胞培养和药品制备等领域。

## 实验步骤

1. 打开超净工作台，使用 75% 酒精喷洒清洁台面。清洁完成后，将培养基、培养皿、接种针和试剂等实验所需物品装入。

2. 关上移门，打开紫外灯，杀菌时间一般 10 min 即可。

3. 关闭紫外灯，打开日光灯管照明。用 75% 酒精喷洒手部消毒，打开移门，进行实验。

4. 使用完毕，需收拾干净台面，关上移门。

使用超净工作台的注意事项包括以下几个方面。①切不可将皮肤暴露在打开的紫外灯下操作实验，以防止皮肤损伤。②应尽量避免将液体滴洒到台面上，如果台面上有少量液体，则应立即擦净；如果有大量液体，则应立即断开电源，擦净液体，以防止因液体渗漏进控制面板而导致控制面板失灵。③使用完后，应检查超净工作台是否打扫干净，不得留有个人物品，以方便他人使用。④保持房间干燥、干净。潮湿的空气不仅会使制造材料生锈，还会影响电气线路的正常工作。⑤不要在超净工作台上使用相关振动产品，否则会影响工作台内部风扇的使用寿命。⑥搬运时要小心，以防止发生碰撞和造成损坏。

## 思考题

1. 无菌操作的基本步骤是什么？请描述从准备工作到结束的无菌操作流程。

2. 在进行无菌操作时，有哪些常见的污染源？如何避免这些污染源对实验结果的影响？

# 实验 1-4 微生物菌种的保藏

## 实验概述

微生物菌种保藏实验是为了长期保存和保持微生物菌种的活性和遗传特性而进行的一系列实验操作，能够为实验的可延续性提供重要保障。

## 目的要求

掌握斜面保藏法和甘油冻存法的操作方法。

## 实验原理

1. 斜面保藏法是一种常用的微生物保藏方法，其原理主要包括以下几点。

（1）低温环境：斜面保藏法通常会利用含有琼脂的培养基，将微生物接种在斜面琼脂表面。这种斜面培养基可以在 4～8 ℃下存放，从而减缓微生物的代谢速率，延长其存活时间。

（2）减少氧气接触：斜面保藏法通过将微生物培养在密闭的斜面培养基中，可以减少微生物与氧气的接触，降低氧化应激对微生物的影响，从而增加微生物在培养基上的存活时间。

（3）隔离单个菌落：斜面保藏法可以帮助隔离单个菌落，使得每个菌株都可以独立生长，避免不同菌株之间的相互影响和竞争。

（4）便于传代培养：斜面保藏法保藏的微生物可以方便地进行传代培养，即从保藏的斜面中划取微生物转移到新的培养基中培养，从而延续微生物的生长和繁殖。

2. 甘油冻存法也是一种常用的微生物保藏方法，其原理主要包括以下几点。

（1）保护细胞结构：甘油冻存法通过将微生物悬浮液与甘油混合后，迅速冷冻至极低温进行保藏。甘油具有较强的渗透调节作用，可以在冷冻过程中渗入微生物细胞内部，形成甘油浓度梯度，降低细胞内水分的冻结速率，从而减少细胞的冻伤。

（2）降低代谢活性：在冷冻存储过程中，微生物的代谢活性明显下降，减缓了细胞内化学反应的进行速度，降低了细胞组分的降解和氧化损伤的发生率，从而有助于维持微生物的生存能力。

（3）防止细胞冻结损伤：甘油的添加可以提高培养基的冻结点，使微生物在冷冻过程中更加均匀地冷冻，减少细胞间的结晶和冻结引起的机械损伤。

（4）便于长期保存：甘油冻存法将微生物样品储存在极低温度下（通常为 -80 ℃或液氮温度），可以有效阻止微生物的活动和繁殖，从而实现长期保藏的目的。

## 实验步骤

1. 斜面保藏法的主要实验步骤（以真菌 PDA 培养基与细菌 LB 培养基为例）如下。

（1）配制培养基。真菌菌种保藏通常使用 PDA 培养基，细菌菌种保藏通常使用 LB 培养基，两种培养基的配方见表 1-1。

（2）清洗试管，并将溶解的培养基注入至试管约 1/3 量，封口，进行高温溶解。

（3）对试管进行高压蒸汽灭菌，灭菌完成后，将之取出，置于有一定倾斜度的地方冷却。

（4）取出培养纯化好的微生物平板，将之置于超净工作台中，使用经酒精灯灭菌后的接种针在平板上划取含有微生物的菌块，接种至已灭菌的斜面培养基中。

注：该方法适合短期保藏。

2. 甘油冻存法的主要实验步骤如下。

（1）将 70 mL 蒸馏水加入 30 mL 的甘油中，配制成 30％甘油溶液。

（2）使用移液枪将 30％甘油注入 1.8 mL 冻存管中，大约加至管的 3/4 量。

（3）将配制好的冻存管在高压蒸汽灭菌锅中进行灭菌处理。

（4）取出培养纯化好的微生物平板，将之置于超净工作台中，使用经酒精灯灭菌后的接种针在平板上划取含有微生物的菌块，装入已灭菌的冻存管中。

注：此方法适用于长期保藏（2～4 年）。

思考题

1. 为什么需要对微生物菌种进行保藏？
2. 微生物菌种保藏的影响因素有哪些？

# 实验 1-5　显微镜的使用技术

实验概述

显微镜的发明使我们能观察到肉眼看不到的微生物的形态结构，它是进行微生物学实验不可或缺的工具。

我们应根据实验的目的选择合适的样品，并进行适当的处理。这可能包括切片、染色、固定或其他特殊处理。使用显微镜时，应将之放置在稳定的平台上，并根据需要调整镜筒、物镜、目镜和光源等参数；应确保显微镜的光源充足、清晰度调整到最佳状态。观察时，先使用低倍物镜（如 4× 或 10×）初步观察样品，调整焦距和光源，以确保样品在视野中清晰可见，并选择最佳的观察区域；根据需要，可逐步调整放大倍数，使用较高倍物镜（如 40× 或 100×）对样品进行更详细的观察。应注意调整焦距和光源，以确保得到清晰的图像和适当的对比度。使用摄像设备或手动记录工具记录样品特征、结构和其他相关信息。这些记录可以是图像、文字描述或数据表格等形式。实验结束后，应及时清洁显微镜的各个部件，包括镜筒、物镜、目镜、载物台等，并确保显微镜的存放环境干燥、清洁。以上是使用显微镜进行技术实验的一般概述。具体的实验步骤和操作注意事项可因实验目的、样品类型和显微镜型号的不同而有所不同。

## 实验原理

光学显微镜又称复式显微镜，由机械装置和光学系统组成（图 1-1），主要利用目镜与物镜两组投射系统来放大成像。

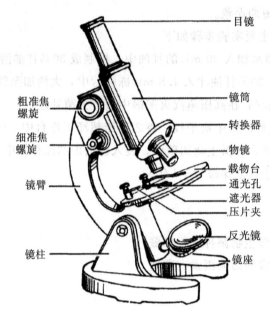

**图 1-1 光学显微镜的基本构造**

1. 镜座：作为显微镜的基本支架，由底座和镜臂两部分构成。其上连接有载物台和镜筒，为安装光学放大系统部件提供了坚实的基础。

2. 镜筒：连接着目镜与转换器，构成了一个暗室，使得目镜与装在转换器下方的接物镜之间的成像环境更加稳定。

3. 转换器：物镜转换器上可容纳 3 或 4 个接物镜，一般配置有 3 个物镜（包括低倍、高倍和油镜）。通过旋转转换器，可以根据需要选择任何 1 个接物镜与镜筒上的目镜相配，形成所需放大倍数的成像系统。

4. 载物台：载物台的中央设有一孔，以便光线通过；载物台配备了弹簧标本夹和推动器，它们的作用是固定或移动标本，确保镜检对象位于视野中心。

5. 推动器：为一种机械装置，用于移动标本。它由横向和纵向 2 个推进齿轴构成，并在纵横架杆上刻有刻度标尺，形成精确的平面坐标系。若需重复观察已检查标本的某一部分，则可在第一次检查时记录纵、横标尺的数值，以后按照数值移动推动器，即可找到原来标本的位置。

6. 粗准焦螺旋：为调节接物镜和标本间距离的结构。在老式显微镜中，向前扭动粗准焦螺旋可使镜头下降并接近标本。而在一些新型显微镜中，右手向前扭动载物台，可使标本接近物镜；反之则下降，可将标本与物镜分离。

7. 细准焦螺旋：用于精细调节焦距，以获得最清晰的物像。每转动 1 圈微动螺旋，镜筒移动 0.1 mm(100 $\mu$m)。在一些新型的较高档次的显微镜中，粗动螺旋和微动螺旋是共轴设计的。

## 实验目的

了解光学显微镜的构造及各部分的功能，掌握油镜的使用方法。

## 实验步骤

1. 打开显微镜电源，并调节光源亮度，确保有足够的光线照射到样品上。

2. 将待观察的样品放置在显微镜载物台上，并使用压片夹固定。如果需要，则可以先调整样品的位置，使其位于光线中心。

3. 选择合适的目镜和物镜。通常情况下，显微镜配备有多个物镜(如 4×、10×、40×、100× 等)和 1 个可调焦的目镜。

4. 通过调节物镜转轮，选择并旋转合适的物镜。一般从低倍镜开始，逐渐转换到高倍镜。

5. 使用粗准焦螺旋缓慢地移动物镜，将样品逐渐调焦到清晰状态。注意不要用力过大，以防止玻片与物镜相撞，损坏显微镜或样品。

6. 如果显微镜配备有可调对比度和亮度的功能，则可以根据需要进行调整，以获得更好的观察效果。

7. 通过目镜观察样品，并根据需要调整物镜和对焦，直到获得所需的观察效果。

8. 如要使用 100× 物镜，则要使用油镜，用粗调节器将镜筒抬起约 2 cm，将油镜转至镜筒下方，加香柏油 1 滴于载玻片所要观察的部位。

9. 观察完成后，关闭显微镜电源，清理并保养显微镜，确保下次使用时处于良好状态。

## 结果分析

绘制观察的细菌或其他微生物的形态结构图，注意记录好微生物名称和放大倍数。

## 思考题

常见显微镜的类型及其特点有哪些？

# 实验1-6 微生物菌落特征观察

## 实验概述

　　微生物菌落特征观察是一项基础的微生物学实验。通常情况下,不同微生物的菌落大小、形状和颜色存在差异。本实验旨在通过显微镜和宏观方法识别和区分不同类型的微生物菌落。通过这项实验,可以了解微生物的多样性,学习如何通过菌落特征进行微生物的初步鉴定。

## 目的要求

　　观察特定微生物的菌落形态、大小、色泽、透明度、致密度和边缘等特征。

## 实验步骤

　　1. 倒平皿:将无菌培养基(如牛肉膏蛋白胨培养基、PDA培养基及高氏一号培养基等)加热融化后再冷却至50 ℃左右,倒入已灭菌的9 cm深的平皿中,每皿约有20 mL培养基,冷却备用。

　　2. 活化菌种:将待观察的微生物接种至试管斜面或固体培养皿中,活化3~5 d。

　　3. 制备单菌落:通过平板划线法获得细菌、酵母菌和放线菌的单菌落;用三点接种法获得丝状真菌的单菌落。

　　4. 观察菌落特征:四类微生物的菌落特征见表1-2。

表1-2　四类微生物的菌落特征

| 主要特征 | 细菌 | 放线菌 | 酵母菌 | 丝状真菌 |
|---|---|---|---|---|
| 含水状态 | 湿润、黏稠 | 干燥或较干燥 | 较湿润、黏稠 | 干燥 |
| 外观形态 | 小而突起 | 小而紧密 | 大而突起(与细菌比较) | 菌丝细长,菌落疏松,呈毛绒状、棉絮状,无固定大小 |
| 排列方式 | 单个分散或有一定排列方式 | 丝状交织 | 单个分散或假丝状 | 丝状交织 |
| 形态特征 | 小而均匀的圆形菌落,个别有芽孢 | 细而均匀(背面有同心圆形纹路) | 大而分化 | 粗而分化 |
| 透明度 | 透明、稍透明 | 不透明 | 半透明 | 不透明 |
| 与培养基的结合程度 | 不结合、易挑起 | 结合牢固、不易挑起 | 不结合、易挑起 | 不易挑起 |
| 颜色 | 多样(通常以白色、黄色为主) | 多样 | 一般为乳白色或奶油色,少数为红色或黑色 | 多样(如棕色、青色、黑色、黄色等) |

续表

| 主要特征 | 细菌 | 放线菌 | 酵母菌 | 丝状真菌 |
|---|---|---|---|---|
| 正、反面颜色 | 相同 | 通常不同 | 相同 | 通常不同 |
| 生长速度 | 通常很快 | 慢 | 较快 | 通常较快 |
| 气味 | 通常有臭味 | 带有泥腥味 | 多有酒香味 | 霉味 |

## 结果分析

将观察到的微生物的菌落特征填入表 1-3。

表 1-3 菌落形态特征记录表

| 菌落号 | 含水状态 | 外观形态 | 排列方式 | 形态特征 | 透明度 | 与培养基的结合程度 | 颜色 | 正、反面颜色 | 生长速度 | 气味 |
|---|---|---|---|---|---|---|---|---|---|---|
| 细菌 | | | | | | | | | | |
| 放线菌 | | | | | | | | | | |
| 霉菌 | | | | | | | | | | |
| 酵母菌 | | | | | | | | | | |

## 思考题

1. 观察微生物菌落时，有哪些常见的性状可以用来描述和区分不同的菌落？

2. 微生物菌落的颜色可能受到哪些因素的影响？

# 实验 1-7 微生物制片、染色及显微结构观察

## 实验概述

细菌是一类微小的单细胞生物，其形态结构赋予了它们独特的生存、繁殖能力和代谢特征。为观察到真实、完整的细菌结构，首先要将其样品置于载玻片上制片、染色，然后再利用显微镜进行形态观察。细菌种类繁多、形态各异，对各类染料的结合能力也是千差万别，研究者必须根据不同的观察目标采取不同的制片和染色方法。

细菌在土壤、水体和大气等环境中广泛分布并大量存在，参与有机物的分解和循环，促进生态系统的平衡。部分细菌在环境修复、生物能源生产和生物材料制备等领域发挥作用。部分细菌可用于食品发酵、熟化及防腐等，以及酸奶、酸菜、酱油等的制作，在自然界和人类生活中具有重要作用。

## 目的要求

掌握细菌革兰氏染色法及其原理。

## 实验原理

革兰氏染色法是 1884 年由丹麦病理学家汉斯·克里斯蒂安·革兰（Hans Christian Gram）创立的，之后一些学者对此方法进行了改进。革兰氏染色法是细菌学中最重要的鉴别染色法。

细菌通过草酸铵结晶紫染色液初染和碘液媒染后，在细胞壁内形成了不溶于水的结晶紫与碘的复合物，因革兰氏阳性菌细胞壁较厚、肽聚糖网层次较多且交联致密，遇酒精或丙酮脱色处理时，可由失水导致网孔缩小，再加上它不含类脂，酒精处理不会出现缝隙，故能把结晶紫与碘复合物牢牢留在壁内，使其仍呈紫色。

因革兰氏阴性菌细胞壁薄、外膜类脂含量高、肽聚糖网薄且交联度差，在遇脱色剂后，以类脂为主的外膜迅速溶解，薄而松散的肽聚糖网不能阻挡结晶紫与碘复合物的溶出，故通过酒精脱色后仍呈无色，再经沙黄等红色染料复染，就可使革兰氏阴性菌呈红色。

## 实验菌种

大肠杆菌（*Escherichia coli*）、金黄色葡萄球菌（*Staphylococcus aureus*）、待研究细菌菌株。

## 实验步骤

1. 准备载玻片：取 1 块无尘的载玻片，用酒精或其他清洁剂清洁干净，并待干燥。

2. 取细菌样品：从培养基中取少量细菌，可以使用无菌的吸管或者细胞刮取器将细菌转移到载玻片上。

3. 烘干固定：将载玻片放置在火焰上加热，使细菌固定在载玻片上。

4. 染色：将草酸铵结晶紫染色液涂抹在载玻片上，革兰氏染色液会使细菌染上紫色。让革兰氏染色液在载玻片上停留 1 min，用蒸馏水轻轻地冲洗载玻片，直到洗液不再带有颜色。加碘液覆盖涂面，染约 1 min，用蒸馏水冲洗，用吸水纸吸去水分。在载玻片上滴 1 滴 95% 酒精，进行脱水，20 s 后，用吸水纸轻轻擦拭细菌样本，而后用番红染色液复染 2 min，用自来水冲洗。让载玻片在空气中自然干燥，然后用显微镜观察。

## 结果分析

在革兰氏染色制片中，各菌落是什么颜色？它们是革兰氏阴性菌，还是革兰氏阳性菌？

## 思考题

1. 如果涂片未经加热固定，那么实验会出现什么样的问题？

2. 进行革兰氏染色时，初染时能加碘液吗？酒精脱色后复染前，革兰氏阳性菌与革兰氏阴性菌分别是什么颜色？

# 实验 1-8  微生物孢子悬浮液的制备及计数技术

## 实验概述

　　微生物孢子悬浮液的制备是微生物学和生物技术领域中的一项基本实验技术，主要用于收集和分离微生物的孢子，即将微生物孢子制成悬浮液，然后通过血球计数板估算孢子悬浮液的孢子数量。

　　微生物孢子是某些微生物（如细菌、真菌和放线菌等）在适宜条件下形成的繁殖结构或在不利环境下形成的休眠结构，具有很高的抗逆性。目前，微生物孢子悬浮液在许多定量实验中都有极其重要的作用。

## 实验目的

　　1. 了解血球计数板计数的原理。
　　2. 掌握血球计数板计数的方法。

## 实验原理

　　显微镜直接计数法是一种简便、快速、直观的方法，是用于测定待测样品中微生物数量的技术。该方法将少量待测样品的悬浮液放置在一种特殊的载玻片上（这种载玻片称血球计数板，具有确定的面积和容积），然后通过显微镜观察载玻片下的微生物数量，直接进行计数。这种方法不仅能够提供微生物数量的准确数据，而且操作简单、易于实施。

　　该血球计数板是 1 块特制的载玻片（图 1-2），其上由 4 条槽构成 3 个平台；中间较宽的平台又被 1 个短横槽隔成两半，每一边的平台上各列有 1 个方格网，每个方格网共分为 9 个大方格，中间的大方格即为计数室。计数室的刻度一般有 2 种规格：一种是 1 个大方格分成 25 个中方格，而每个中方格又分成 16 个小方格；另一

**图 1-2　血球计数板**

种是 1 个大方格分成 16 个中方格，而每个中方格又分成 25 个小方格。无论是哪一种规格的计数板，每个大方格中的小方格都是 400 个。因为每个大方格边长为 1 mm，每个大方格的面积为 1 mm²，盖上盖玻片后，盖玻片与载玻片之间的高度为 0.1 mm，所以计数室的容积为 0.1 mm³（1/10000 mL）。计数时，通常数 5 个中方格内的总孢子数，然后求得每个中方格孢子数的平均值，再乘上 25 或 16，就得出 1 个大方格中的总孢子数，然后再换算成 1 mL 菌液中的总孢子数。假设 5 个中方格中的总孢子数为 A，菌液稀释倍数为 B，如果是 25 个中方格的计数板，则 1 mL 菌液中的总孢子数 $=A/5 \times 25 \times 10^4 \times B = 50000 A \cdot B$（个）；同理，如果是 16 个中方格的计数板，则 1 mL 菌液中的总

孢子数(个)＝A/5 × 16 × $10^4$ × B＝32000 A·B(个)。

## 实验**步骤**

1. 孢子悬浮液的制备：选取平板上培养好的微生物，用接种环刮取适量菌落培养物并置于装有 10 mL 0.01% 吐温 80 的离心管中(已灭菌)，使用漩涡振荡仪振荡 10 min，在新离心管中使用无菌滤纸过滤，得到初始滤液(以上操作均为无菌操作)，吸取少量滤液，滴在血球计数板上，在显微镜下计数。除振荡外，所有操作均应在超净工作台中进行，并确保为无菌操作。

2. 计数：在显微镜下采取汤麦氏计数法对网格线上的孢子进行计数，计数原则为"数上不数下，数左不数右"。血球计数板 1 室示意图见图 1-3。

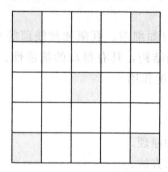

**图 1-3 血球计数板 1 室示意图**

计算公式：

$$孢子数/mL＝\frac{N}{80}×400×10^4×稀释倍数$$

式中，$N$ 为 5 个计数中方格的孢子总数，80 为计数的中方格含有的小格数，400 为血球计数板上 1 室的小格数(25×16)，$10^4$ 为单位换算率(0.0001~1 mL)。

## 结果**分析**

请将孢子数计算结果填入表 1-4。

表 1-4 孢子数计算结果

| 位置 | 上、下两室均值 | | | | | A | B | 孢子数/mL | 上、下两室均值 |
| --- | --- | --- | --- | --- | --- | --- | --- | --- | --- |
| | 1 | 2 | 3 | 4 | 5 | | | | |
| 上室 | | | | | | | | | |
| 下室 | | | | | | | | | |

## 思**考题**

血球计数板计数的误差来源于哪些方面？如何减小误差？

# 第 2 章　土壤微生物生态实验技术

土壤是一个充满活力的生态系统，包括真菌、细菌、病毒等在内的众多微生物种类。这些微生物在有机物分解、土壤结构改善和植物生长等方面发挥着至关重要的作用。要探索这些微生物的群落结构、功能和动态，就需要土壤微生物生态实验技术的不断发展；要准确研究这些微生物的生态功能，掌握土壤微生物的纯种分离技术尤为关键，对这一技术的掌握，不仅是微生物生态学研究的基础，更是进一步理解这些微生物功能的前提。

土壤微生物分离的方法有平板划线法、平板涂布法、琼脂培养基浇注法等。这些方法具有设备要求低、操作简单、分离效果好等优点。此外，结合作者研究团队的实际工作经验，本章还将介绍一些针对特定生理特性和功能的土壤微生物分离的方法和技术。

本章实验所用到的培养基配方如下。

1. 牛肉膏蛋白胨琼脂培养基：牛肉膏 3 g，蛋白胨 10 g，NaCl 15 g，琼脂 15～20 g，蒸馏水 1000 mL，pH 值为 7.2～7.4。

2. PDA 培养基：马铃薯 200 g(削皮、切块、煮烂后，取滤液)，葡萄糖 20 g，琼脂 15～20 g，用蒸馏水补足至 1000 mL，pH 自然。

3. 沙氏葡萄糖琼脂(SDA)培养基：$KH_2PO_4$ 1 g，$MgSO_4 \cdot 7H_2O$ 0.5 g，蛋白胨 5 g，葡萄糖 10 g，琼脂 15～20 g，蒸馏水 1000 mL，pH 自然

4. 马丁氏培养基：葡萄糖 10 g，蛋白胨 5 g，$KH_2PO_4$ 1 g，$MgSO_4 \cdot 7H_2O$ 0.5 g，0.1% 孟加拉红溶液 3.3 mL，琼脂 15～20 g，蒸馏水 1000 mL，10000 U/mL 链霉素 3.3 mL，pH 自然。

## 实验 2-1　平板划线法分离土壤微生物

### 实验概述

平板划线法是通过无菌的接种环在固体培养基表面连续划线，将聚集的菌种逐步稀释分散到培养基表面的方法。经数次划线后，可以培养分离到由单个细胞繁殖而来的肉眼可见的子细胞群体，即菌落。划线的方法很多，常见比较容易出现单个菌落的划线方法有斜线法、曲线法、方格法、放射法等。

### 目的要求

1. 了解平板划线法分离菌种的基本原理。

2. 熟练掌握平板划线法的操作方法。

## 实验原理

平板划线法分离菌种是把混杂在一起的微生物或同一种微生物群体中的不同细胞用接种环在培养基表面通过分区划线稀释而得到较多独立分布的单个细胞，经培养后繁殖成单菌落的方法。其原理是将微生物样品在固体培养基表面多次做"由点到线"的稀释，进而达到分离的目的。用接种环取少许微生物培养物，先将之涂于平板培养基表面一角，作为第一区划线后，将接种环放至火焰上灭菌，待冷，于第二区划线，且在开始划线时与第一区相交数次，以后划线不必再相交。待第二区划完时，再如上法灭菌接种划线，依次划完第五区。各区所占的平板面积：一区占 5%，二区占 15%，三区占 20%，四区占 25%，五区占 35%。这样每一区划线的细菌数量逐渐减少，即能获得单个菌落。

## 实验材料

土壤样品（简称土样）、接种环、酒精灯、无菌平板、无菌水、牛肉膏蛋白胨琼脂培养基、三角瓶、微波炉、无菌试管。

## 实验步骤

1. 将装有已灭菌的牛肉膏蛋白胨琼脂培养基的三角瓶放入微波炉加热，直至充分融化，待培养基冷却至 50 ℃ 左右后，在无菌环境下倒入平板（每皿约倒 15 mL 培养基），平置至凝固备用。

2. 称取待检测土样 10 g，放入盛有 90 mL 无菌水的三角瓶中，振荡约 20 min，使土样与水充分混合，将细菌分散，获得菌悬液，取 5 mL 装入无菌试管。

3. 在酒精灯火焰附近将已灼烧并冷却的接种环伸入菌悬液中，沾取一环菌液。

4. 在酒精灯火焰附近将沾有菌液的接种环迅速伸入平板内，划 3~5 条平行线，盖上皿盖。

5. 灼烧接种环，待其冷却后，从第一区域划线的末端开始往第二区域内划线。重复以上操作，在第三、四、五区域内划线，注意不要将最后一区的划线与第一区相连。

6. 将划线平板做好标记后放入培养箱中，以 37 ℃ 培养 24 h。

7. 从单菌落上挑取接种至新培养基上纯化，便可得到纯菌株。

## 结果分析

对分离获得的细菌数量进行统计，并描述分离得到的菌株的形态特征。

## 思考题

1. 你认为平板划线法在分离土壤细菌方面有哪些优势和局限性？

2. 实验中使用的培养基对于不同类型的细菌是否有选择性？为什么？

## 实验 2-2 平板涂布法分离土壤微生物

### 实验概述

平板涂布法是一种常用的土壤微生物多样性研究方法，是指取少量梯度稀释菌悬液，置于已凝固的无菌平板培养基的表面，然后用涂布棒将菌液均匀涂布于平板表面，倒置于恒温箱中培养，直至其长出单菌落，从而达到分离的目的。

### 目的要求

1. 了解平板涂布法分离微生物菌种的基本原理。
2. 熟练掌握平板涂布法的操作方法。

### 实验原理

将一定浓度、一定体积的待分离菌液移到已凝固的平板培养基上，再用涂布棒迅速将其均匀涂布，使其长出单菌落，从而达到分离的目的。

### 实验材料

土样、无菌平板、无菌水、酒精灯、移液管、涂布棒、牛肉膏蛋白胨固体培养基、试管、三角瓶、恒温培养箱。

### 实验步骤

1. 将融化并冷却至 50 ℃左右的牛肉膏蛋白胨固体培养基倒入无菌平板中（每板约 15 mL），待均匀铺开后，放平冷凝并编号。

2. 分别将盛有 9 mL 无菌水的 6 支试管灭菌，并按 $10^{-1}$、$10^{-2}$、$10^{-3}$、$10^{-4}$、$10^{-5}$、$10^{-6}$ 的顺序编号。

3. 称取土样 10 g，放入盛有 90 mL 无菌水的三角瓶中，振荡约 20 min，使土样与水充分混合，将细菌分散，获得菌悬液。

4. 用移液管吸取 1 mL 上述菌悬液，注入编号为 $10^{-1}$ 的试管中，充分混匀。

5. 从 $10^{-1}$ 倍稀释的试管中吸取 1mL 稀释液，注入编号为 $10^{-2}$ 的试管中，重复第二步的混匀操作。依次类推，直到获得 $10^{-6}$ 倍稀释的菌悬液。

6. 从不同倍数稀释液中分别吸取 0.2 mL 菌悬液，滴至相应编号的平板表面上。

7. 用涂布棒把平板上的菌液轻轻涂开，直至均匀铺满整个平板。

8. 将平板倒置于 37 ℃恒温培养箱中培养。

9. 从单个菌落上挑取接种至新培养基上纯化，即可得到纯菌株。

**结果分析**

对用涂布平板法分离得到的菌落数量进行统计，描述其形态特征。

计算公式：

$$每克样品中的菌落数 = \frac{某一稀释度下平板上生长的平均菌落数}{涂布平板时所用的稀释液的体积（mL）} \times 稀释倍数$$

**思考题**

1. 如何区分细菌和真菌？
2. 在实验中是否采取了特定的方法来确保只有细菌生长？

# 实验 2-3　浇注平板法分离土壤微生物

**实验概述**

浇注平板法又称倾皿法，是将待分离的微生物悬液通过一系列稀释，然后分别取不同稀释液少许，与已溶化并冷却至 40 ℃左右的琼脂培养基混合摇匀，倾入已灭菌的培养皿中，待琼脂凝固后，制成含菌的琼脂平板的方法。

**目的要求**

1. 了解浇注平板法分离微生物菌种的基本原理。
2. 熟练掌握浇注平板法的操作方法。

**实验原理**

首先把微生物悬液通过梯度稀释，将稀释后的样品加入无菌培养基混合均匀，待凝固后倒置培养，单一细胞经过多次增殖后形成一个菌落，取单个菌落制成悬液，重复上述步骤数次，便可得到纯培养物。

**实验材料**

土样、牛肉膏蛋白胨琼脂培养基、无菌平板、无菌水、三角瓶、移液管、试管。

**实验步骤**

1. 将融化并冷却至 40 ℃左右的牛肉膏蛋白胨琼脂培养基倒入无菌平板中（每板约 15 mL），待均匀铺开后放平冷凝。

2. 分别将盛有 9 mL 水的 6 支试管灭菌，并按 $10^{-1}$、$10^{-2}$、$10^{-3}$、$10^{-4}$、$10^{-5}$、$10^{-6}$ 的顺序编号。

3. 称取土样 10 g，放入盛有 90 mL 无菌水的三角瓶中，振荡约 20 min，使土样与水充分混合，将细菌分散，获得菌悬液。

4. 用移液管吸取 1 mL 上述菌悬液，注入编号为 $10^{-1}$ 的试管中，充分混匀。

5. 从 $10^{-1}$ 倍稀释的试管中吸取 1 mL 稀释液，注入编号为 $10^{-2}$ 的试管中，重复第二步的混匀操作。依次类推，直到获得 $10^{-6}$ 倍稀释的菌悬液。

6. 分别取不同倍数稀释液 1 mL，与已溶化并冷却至 50 ℃左右的牛肉膏蛋白胨琼脂培养基混合，并摇匀。

7. 待凝固后，倒置培养，从单菌落上挑取接种至新培养基上纯化，便可得到纯菌株。

## 结果分析

对用浇注平板法分离得到的菌落数量进行统计，并描述其形态特征。

## 思考题

在浇注平板法中，固体培养基内的菌落是如何分布的？不同层次上的菌落形态、大小有何区别？为什么？

# 实验 2-4  土壤异养真菌的分离与多样性分析

## 实验概述

土壤是微生物生存的"大本营"，真菌在土壤中的数量仅次于细菌和放线菌。土壤异养真菌是一类在土壤生态系统中发挥重要作用的微生物，可通过分解有机物来获取能量和营养，对土壤养分循环和植物生长有着重要影响。为了避免土壤细菌的干扰，本实验中异养真菌的分离采用加有链霉素（或氯霉素、庆大霉素）和孟加拉红的马丁氏培养基，同时对分离的土壤真菌进行计数。

## 目的要求

1. 了解分离土壤异养真菌的原理。
2. 熟练掌握土壤异养微生物群落结构的研究方法。

## 实验原理

在加有链霉素（或氯霉素、庆大霉素）和孟加拉红的马丁氏培养基上，其中的放线菌和细菌被链霉素和孟加拉红抑制，但大多数真菌能够生存，且其菌落受孟加拉红的抑制较小，从而避免了某些真菌扩散蔓延所带来的数量上的误差。

## 实验材料

土样、无菌试管、三角瓶、量筒、酒精灯、移液管、移液枪、无菌培养皿、接种环、无菌平板、涂布棒、马丁氏培养基、链霉素溶液、无菌水。

## 实验步骤

1. 称取土样 10 g 放入盛 90 mL 无菌水的三角瓶中，振荡约 20 min，使土样与水充分混合，将菌分散，获得菌悬液。

2. 用移液管吸取 1 mL 培养的菌液，注入含有 9 mL 无菌水的试管中，充分混匀，获得 $10^{-1}$ 倍的菌悬液。

3. 重复上述操作步骤，直至获得 $10^{-3}$ 稀释倍数的菌悬液。

4. 将加入链霉素溶液的马丁氏培养基倒入无菌平板。加盖后轻轻摇动无菌培养皿，使培养基均匀分布，平置至凝固。

5. 将每种培养基的 3 个无菌平板分别标上 $10^{-1}$、$10^{-2}$、$10^{-3}$ 稀释倍数，然后用无菌吸管分别从编号为 $10^{-1}$、$10^{-2}$、$10^{-3}$ 的试管中吸取 1 mL 放于已标记的无菌平板中，用涂布棒将菌液均匀地涂布在培养基表面。

6. 将上述平板倒置于 28 ℃恒温培养箱中培养 3～5 d。

7. 转接纯化：从长有单菌落的平板中选取典型的真菌菌落转接斜面，并同时制片，进行纯度检查；若菌落不纯，则应进一步挑取该菌落，制成菌悬液，并进一步进行稀释分离，直至获得纯培养体为止。

8. 数据分析：根据菌落形态进行归类和初步鉴定，按照以下计算公式，进行多样性和菌落结构分析。

## 结果分析

计算公式如下：

每克样品的菌数＝同一稀释度几次重复的菌落平均数×10(mL)×稀释倍数/10(g)

每种菌的相对丰度＝该菌的菌株数量/分离获得的总的菌株数量×100%

## 思考题

1. 异养真菌在土壤生态系统中的作用是什么？它们对土壤生态系统的影响有何意义？

2. 在未来的研究中，你会如何进一步探索土壤中异养真菌的生态学角色和多样性？

## 实验 2-5　土壤耐高温真菌的分离与多样性分析

### 实验概述

土壤真菌种类多、分布广，能适应不同的温度范围。在自然界的常见环境中，大多是中温性真菌。而在温泉、工厂排放的废水周围等长期温度较高的环境中，存在耐高温真菌；在热带沙漠、火山周围等环境中分布有嗜热真菌。一般而言，适宜中温真菌的生长温度为 20~30 ℃，适宜耐高温真菌生长的温度为 30~40 ℃，适宜嗜热真菌生长的温度为 40~50 ℃。据此，本实验分离耐高温真菌以 40 ℃作为筛选条件，采用稀释平板法及浇注平板法对土壤中的耐高温真菌进行分离和培养。

### 目的要求

1. 了解土壤耐高温微生物的概念及分离微生物菌种的基本原理。

2. 熟练掌握运用稀释平板法及浇注平板法分离、纯化土壤中的耐高温真菌的操作方法。

### 实验原理

首先，将微生物悬液稀释，将样品加入无菌培养基中混合均匀。待凝固后，将培养基倒置于 40 ℃恒温培养箱中培养，不耐高温真菌不能生长，耐高温真菌存活，并形成肉眼可见的菌落。接着，用 PDA 培养基在 40 ℃条件下进行分离、纯化，获得耐高温真菌纯化菌株。

### 实验材料

高温环境土样、SDA 培养基、PDA 培养基、玻璃珠、涡旋振荡器、锥形瓶、无菌水、培养箱、无菌培养皿。

### 实验步骤

1. 称取 2 g 样品，放入装有玻璃珠和 20 mL 无菌水的锥形瓶中，经涡旋振荡器混匀 10 min，获得菌悬液。

2. 在无菌环境下取 1 mL 菌悬液，将之加入 9 mL 无菌水中，混匀并稀释至 $10^{-1}$。

3. 取 1 mL $10^{-1}$ 样品悬液于无菌培养皿中，加入含有青霉素与链霉素的 SDA 培养基(用于从土样中初步分离耐高温真菌)中并混匀。每组设 3 个重复。

4. 用保鲜膜将平板密封，置于 40 ℃培养箱中培养 3~5 d。

5. 用 PDA 培养基(用于纯化从 SDA 培养基上初步分离到的耐高温真菌)进行分离、纯化，获得纯化菌株。

**结果分析**

根据显微镜下观察到的菌丝和孢子特征（如孢子的大小、形状、颜色和产孢结构）进行形态学鉴定并对某种菌进行多样性分析，计算其相对多度。

**思考题**

如何确定分离到的菌落是否为耐高温真菌？有哪些特征可以帮助鉴定？

# 实验 2-6　土壤嗜角蛋白真菌的分离与多样性分析

**实验概述**

角蛋白是人体毛发、指甲及动物爪、角和羽毛的重要组成部分，因富含二硫键、氢键等结构，故具有较高的机械强度，难以被分解、回收、利用。而嗜角蛋白真菌能分泌角蛋白酶，进而降解利用各种角蛋白基质，具有较好的开发应用潜力。嗜角蛋白真菌（keratinophilic fungi）是一类喜栖于各种角蛋白基质上、能降解角蛋白并以其为碳源和氮源的真菌类群，可产生丰富的酶和有用的次生代谢产物，对人类社会有着十分积极的影响。土壤中蕴含着丰富的嗜角蛋白真菌资源，本实验旨在基于传统分离培养技术对嗜角蛋白真菌的多样性进行调查分析。

**目的要求**

1. 了解土壤嗜角蛋白真菌的概念及分离该类微生物的基本原理。
2. 熟练掌握分离土壤嗜角蛋白真菌的方法。

**实验原理**

采用毛发钓饵技术从土壤中分离获得嗜角蛋白真菌已成为从土壤中分离、获取嗜角蛋白真菌的经典方法，土壤中经过鸡羽毛的富集会有多种嗜角蛋白真菌，采用经典的稀释平板法可以对其中的菌株进行分离。

**实验材料**

土样、无菌羽毛、玻璃珠、锥形瓶、SDA 培养基、PDA 培养基、涡旋振荡器、无菌平板、培养箱、无菌水、无菌培养皿、无菌试管。

**实验步骤**

1. 对采集到的土壤进行毛发钓饵富集处理，即在无菌条件下向每份土样中添加无菌羽毛 2 g。

2. 处理完成后，将土样置于恒温恒湿培养箱中培养 30 d，培养条件为温度 25 ℃、湿度 70％、避光。

3. 培养结束后，称 2 g 样品，置于加有玻璃珠和 20 mL 无菌水的锥形瓶中，经涡旋振荡器混匀 10 min。

4. 在超净工作台中取 1 mL 土壤悬液，将之置于盛有 9 mL 无菌水的无菌试管中混匀，得到 $10^{-1}$ 稀释样品，最终稀释至 $10^{-3}$。

5. 取 1 mL $10^{-3}$ 稀释土壤悬液于无菌培养皿中，然后加入 SDA 培养基并轻微摇晃，使悬液和培养基充分混匀。

6. 凝固后，将培养基置于恒温培养箱中，以 25 ℃恒温培养 2～3 d，待长出单菌落后计数，并进行初步鉴定。

7. 随后，将培养基转接至 PDA 平板培养基上进行纯化保存。

## 结果分析

1. 测量纯化后的菌落直径，记录菌落特征。

2. 观察产孢结构，并测量、记录分生孢子的形状、大小及分生孢子梗等重要显微特征。

3. 进行可培养嗜角蛋白真菌多样性分析。

分离频率(IF)指某一指定类型真菌分离获得的菌株数占分离得到的总真菌菌株数的百分比。以 IF 来判断不同地区可培养嗜角蛋白真菌群落的优势类群，依据庞雄飞和尤民生(1996)对优势属、常见属和稀有属的定义进行判断，即 IF≥10％的类群为优势属，IF 在 1％～10％的类群为常见属，IF≤1％的类群为稀有属。

以 Shannon Wiener 多样性指数、Simpson 优势度指数、Margalef 丰富度指数对不同地区可培养嗜角蛋白真菌进行多样性分析。

(1)Shannon – Wiener 多样性指数(H)：

$$H = -\sum (Pi)(\ln Pi)$$

(2)Simpson 优势度指数(D)：

$$D = 1 - \sum (Pi)^2$$

(3)Margalef 丰富度指数(R)：

$$R = (S-1)/\ln N$$

式中，$Pi$ 是属于 $i$ 的个体在全部个体中的比例，$S$ 是种数，$N$ 是菌株数。

## 思考题

1. 为什么分离嗜角蛋白真菌要加入无菌羽毛？

2. 嗜角蛋白真菌在土壤生态系统中的功能是什么？

# 第3章　食品微生物生态实验技术

食品微生物生态学是研究食品中微生物的存在、活动及其与环境之间相互作用的学科。随着我国食品工业和经济的快速发展及公众对食品安全关注度的不断提升，加强食品微生物研究显得尤为重要。发酵食品由微生物反应产生，取决于当地的环境条件、发酵实践及原材料的制备。发酵微生物种类繁多，主要包括酵母菌、细菌和丝状真菌，能用于制作白酒、果酒、食醋、奶酪、豆豉、泡菜、茶叶、啤酒等。食品的发酵机理十分复杂，涉及微生物菌株自身的生化代谢及不同来源的多种微生物之间的相互协作，这些微生物共同作用、相互影响，构成了发酵食品微生物生态群落。

近年来，高通量测序和多组学技术的进步催生了许多关于发酵微生物组的信息，多样的研究技术使得食品微生物生态的研究范围越来越广泛。人类加工食物的方式对身体中的微生物群落、食物和肠道中的微生物群落产生着独特的影响，对身体健康有着重要意义。同时，人类通过发酵寻找并运用微生物，有意识地塑造微生物生态，加快了食品工业的发展。研究食品微生物的目的是为生产服务，希望同学们通过本章的学习能够更好地利用有益微生物，为人类生产出更好的食品。

## 实验 3-1　泡菜中乳酸菌的组成与多样性分析

### 实验概述

泡菜的原料是多种新鲜蔬菜，其表面含有多种微生物，如酵母菌、乳酸菌、大肠杆菌等。乳酸菌(lactic acid bacteria)是一类可发酵糖且主要产生大量乳酸的细菌的统称，主要有乳杆菌属(*Lactobacillus*)、双歧杆菌属(*Bifidobacterium*)和嗜热链球菌属(*Streptococcus*)等。常见的乳酸菌有保加利亚乳杆菌、双歧乳杆菌、植物乳杆菌、肠膜明串珠菌、乳酸链球菌、嗜热链球菌等。

泡菜是以乳酸菌为优势菌群生产的发酵食品，风味独特，具有开胃健脾、降低胆固醇含量等功能。乳酸菌可促进生物体对营养物质的吸收，通过增加特异性(抗体产生、细胞因子产生、淋巴细胞增殖、迟发型超敏反应)和非特异性(细胞功能、自然杀伤细胞活性)宿主免疫应答提高机体免疫力等。乳酸菌的特性与泡菜的品质、风味有着密不可分的关系。目前，乳酸菌作为益生菌资源在全球引起了广泛关注。

### 目的要求

1. 了解制作泡菜的方法。

2. 学习并掌握泡菜中乳酸菌分离和鉴定的基本原理与方法。

## 实验原理

乳酸菌宜生长在厌氧、低盐和低温的环境中，而泡菜发酵过程会较好地提供这种环境。泡菜发酵过程中乳酸菌可以大量繁殖，并迅速发展为优势菌种，其他微生物则会受到抑制。通常，乳酸菌可使蔬菜基质酸化，导致耐酸能力较差的腐败菌群死亡，有利于泡菜的生产。在泡菜发酵过程中，乳酸菌是绝对优势菌种，采用适当的分离方法很容易将乳酸菌从中分离出来，获得纯菌株。

本实验采用传统分离培养技术对泡菜中的乳酸菌进行分离，模拟酸性条件选出耐酸性较强的菌株，采用 16S rDNA 测序技术对其进行鉴定，以确定种、属。

## 实验材料

1. 新鲜白菜、食盐、玻璃坛、白酒、花椒、恒温培养箱、移液枪、无菌生理盐水试管、超净工作台、涡旋振荡器、高压蒸汽灭菌锅、显微镜、二氧化碳厌氧箱、无菌培养皿、酒精灯、草酸铵结晶紫染色液、卢氏碘液、95%酒精、$AgNO_3$、10% $H_2SO_4$、2% $Mn_2SO_4$、滤纸条、无菌试管、沙黄染色液、蒸馏水、营养琼脂培养基。

2. MRS 固体培养基：蛋白胨 10 g，葡萄糖 20 g，牛肉膏 10 g，酵母粉 5 g，$K_2HPO_4$ 2 g，乙酸钠 5 g，柠檬酸氢二铵 2 g，吐温 - 80 5mL，$MgSO_4$ 0.58 g，$MnSO_4$ 0.29 g，$CaCO_3$ 20 g，用蒸馏水定容至 1000 mL，pH 值为 6.2～6.4，琼脂 15 g，以 121 ℃灭菌 30 min。

## 实验步骤

1. 微生物的分离、纯化：具体如下。

(1)泡菜制作：将新鲜白菜用清水洗净后沥干，切成 2 cm×2 cm 大小的方块，装入玻璃坛中；向玻璃坛中加入烧开后已冷却的食盐水(可适当加白酒、花椒等配料，以增加风味)，菜和水的质量比为 2∶1，食盐添加量为菜和水总质量的 3.5%，接种量为 2%。坛沿加水密封，置于 15 ℃恒温培养箱中发酵 10 d 后用于后续实验。

(2)样品稀释：使用移液枪分别吸取 1 mL 样品汁液于 9 mL 无菌生理盐水试管中，经涡旋振荡器混匀后制成 $10^{-1}$ 泡菜样品稀释液；按照梯度稀释法依次将泡菜样品稀释至 $10^{-2}$、$10^{-3}$、$10^{-4}$，分别标记。

(3)分离、纯化、培养：无菌条件下用移液枪分别移取 0.2 mL 样品稀释液，涂布于德曼-罗戈萨-夏普(De Man, Rogosa And Sharpe Medium, MRS)固体培养基中，倒置于 37 ℃二氧化碳厌氧箱中培养 36～48 h。根据菌落的生长情况，挑选菌落形态不同的微生物进行划线分离、纯化，于 37 ℃条件下恒温培养 48 h，选取培养后的菌株依次进行纯度检验，将混合菌株继续进行多次划线分离、纯化，直至平板内为单一菌落。

2. 乳酸菌的初步验证：具体如下。

(1)菌落形态特征观察：观察并记录纯化后平板中的微生物菌落形态，根据菌落颜色、大小、形状、透明度、表面光滑度、边缘是否齐整、湿润度、表面凸起及显微观察是否存在特殊结构进行形态学鉴定。

(2)革兰氏染色：吸取充分活化的菌液，滴 1 滴在洁净的载玻片中央，在酒精灯外焰处加热，固定涂片，用草酸铵结晶紫染色液初染，用卢氏碘液媒染，接着用 95% 酒精脱色，然后用沙黄染色液复染。每次染色或脱色后，都用去离子水冲洗、晾干，最后在 100 倍油镜下观察并拍照分析。

(3)乳酸菌定性实验：将 10% $H_2SO_4$ 与 2% $MnSO_4$ 按 $V_{H_2SO_4}$ : $V_{MnSO_4}$ = 1:1 混合后滴入菌种发酵液中，将含 $AgNO_3$ 溶液的滤纸条搭于无菌试管口，加热无菌试管，发酵液中若有乳酸生成，则可与 $H_2SO_4$ 和 $MnSO_4$ 反应，生成乙醛，加热后的乙醛蒸气在试管口处遇 $AgNO_3$ 会使试纸变黑。

(4)乳酸菌耐酸性实验：用营养琼脂培养基增菌培养 48 h 后，用 8000 r/min 高速冷冻离心机离心 15 min，将沉淀物菌体用无菌生理盐水洗涤并稀释定容至 10 mL，吸取 1 mL 菌液至 9 mL 模拟酸性条件中(另取 1 mL 菌液至 9 mL 蒸馏水中对照)，以 37 ℃恒温振荡处理 2 h，平板涂布计数，按下式计算耐酸性乳酸菌的存活率。

$$S = N_1/N_2 \times 100\%$$

式中，$S$ 为存活率(%)，$N_1$ 为酸性条件处理后的活菌数(CFU/mL)，$N_2$ 为酸性条件处理前的活菌数(CFU/mL)。

(5)乳酸菌 16S rDNA 基因序列测定及同源性分析：使用引物 27F(AGAGTTTGATC-CTGGCTCAG)及 1492R(GGTTACCTTGTTACGACTT)进行聚合酶链式反应(PCR)扩增，然后进行基因测序。将基因序列在 NCBI 数据库中通过 BLAST 软件进行比较分析，利用 CLUSTAL X 软件和 MEGA3.1 软件进行多序列比对及构建目标菌株与参比菌株之间的系统进化树。

(6)数据处理：利用软件(CLUSTAL X 软件和 MEGA3.1 等)分析测序结果，进而对菌株的序列进行亲缘性分析。

(7)保存菌种：将实验分离所得的菌株接至 MRS 固体培养基，以 37 ℃培养 6 h，取 0.2 mL 培养液，加入 30% 的灭菌甘油中超低温保存。

3. 乳酸菌多样性分析：结合生理、生化特性和 16S rRNA 基因序列同源性两方面分析可确定泡菜中菌株的多样性。

结果分析

请将不同菌种的数量描述和特征描述填入表 3-1。

表 3-1　不同菌种的数量描述和特征描述

| 菌种 | 数量描述 | 特征描述 |
| --- | --- | --- |
|  |  |  |
|  |  |  |
|  |  |  |

思考题

1. 泡菜中乳酸菌的多样性是否受到原料、发酵条件或其他因素的影响？如何解释这种影响？

2. 泡菜发酵过程中的乳酸菌发酵类型有哪些？分别产生什么产物？

# 实验 3-2　酒曲中酵母菌的组成与多样性分析

实验概述

　　酒曲是酿造白酒和米酒的原动力，是一种糖化发酵剂，其质量直接影响到酒的品质与风味。我国酒曲复杂多样，大致可分为大曲、小曲、麸曲、红曲和麦曲五大类。酒曲的制作是一个微生物富集的过程。酒曲中的微生物主要是真菌、酵母菌和细菌，主要来源于制作过程中自然环境微生物的加入及人为加入的强化菌种。其中的酵母菌主要为酿酒酵母，酵母菌发酵可提高食品特性，增加食品中香气物质的含量，改善食品的品质与风味。

目的要求

　　1. 了解酒曲中酵母菌的分离原理，掌握酒曲中酵母菌的分离方法。

　　2. 观察酵母菌的菌落特征和细胞形态，认识酒曲中酵母菌的组成和多样性。

实验原理

　　酵母菌是一类可利用糖类发酵产生 $CO_2$ 和酒精的单细胞真菌，属于兼性厌氧微生物，适于含糖量较高的偏酸性环境。目前，蔬菜发酵中酵母菌研究较多的是异常汉逊酵母（*Hansenula anomala*）、亚膜汉逊酵母（*Hansenula subpolliculosa*）和酿酒酵母（*Saccharomyces cerevisiae*）。除产生酒精外，部分酵母属的代谢产物是酯类物质，因此，酒曲中的酵母菌按功能主要可分为产酒酵母、产酯酵母（或产香酵母）两大类。酒曲发酵时，与谷物混合后在白酒酿造过程中发挥糖化、酒精发酵和风味生成的作用。具体来说，酒曲发酵整个过程包括 3 个阶段。第一阶段是谷物的糖化过程，在此期间需要微生物水解酶。第二步是酒精发酵，可发酵的糖被相关微生物和酶转化为酒精。第三阶段是风味生成，相关微生物利用初级代谢营养素来产生风味成分。重要的是，这些过程同时发生在同一个容器中，酒曲为整个过程提供了大部分功能性微生物、酶和风味前体。

## 实验材料

1. 新鲜葡萄、玻璃坛、淡盐水、玻璃棒、酒液、白糖、虹吸器、细纱布、澄清剂、酒精、三角瓶、玻璃珠、吸管、无菌培养皿、移液枪、血球计数板、酒精灯、显微镜、盖玻片、无菌毛细管。

2. 本实验所用的培养基具体如下。

(1)WL 培养基：酵母粉 5 g/L，酸水解酪蛋白 5 g/L，葡萄糖 50 g/L，$KH_2PO_4$ 0.55 g/L，KCl 0.425 g/L，$CaCl_2$ 0.125 g/L，$FeCl_3$ 0.0025 g/L，$MgSO_4$ 0.125 g/L，$MnSO_4$ 0.002 g/L，溴甲酚绿 0.022 g/L，琼脂 17 g/L，pH 值为 5.5。

(2)YPD 培养基：酵母膏 10 g，蛋白胨 20 g，葡萄糖 20 g，琼脂粉 20 g，蒸馏水 1000 mL。

(3)PDA 培养基：见表 1-1。

## 实验步骤

1. 葡萄酒的酿造：具体如下。

(1)清洗：将玻璃坛充分洗净、晾干。

(2)浸泡：将新鲜葡萄摘除蒂并洗净，然后用淡盐水浸泡 10 min 左右，再次冲洗，晾至表面无水珠。

(3)装瓶：将葡萄捏破，将皮和果肉一起放至主发酵器(玻璃坛)中。

(4)发酵：将装好葡萄的玻璃坛放在 28 ℃的恒温培养箱中，12 h 内葡萄开始发酵，产生较多气泡，随后每 2 d 用玻璃棒将葡萄皮压入酒液中，注意盖上盖子。

(5)加糖：发酵 1~2 d 后放入 250 g 白糖，可提高酒精度，3~4 d 后再次放入 250 g 白糖，将白糖浸入葡萄汁中搅拌均匀。

(6)二次发酵：当酒精发酵完成后，用虹吸器将葡萄酒倒入二次发酵器(另一只玻璃坛)中，然后将剩下的葡萄皮、葡萄籽用细纱布过滤，将过滤出的酒液也混入二次发酵器中，将葡萄皮、葡萄籽扔掉。在二次发酵器中要留有 1/10 空隙，盖子也不要拧很紧。将二次发酵器放在阴凉处。二次发酵主要是苹果酸-乳酸发酵，不产生酒精。

(7)加入澄清剂及少量酒精，完成二次发酵，即可得到葡萄酒原酒。

2. 酵母菌株的分离、纯化：具体如下。

(1)制备葡萄酒稀释液：取发酵 2~3 d 的葡萄酒液，量取 1 mL，将之置于盛有 99 mL 无菌水的三角瓶(装有玻璃珠)中，以 200 r/min 振荡浸提 30 min，用吸管吸取上清液，梯度稀释到 $10^{-3}$、$10^{-4}$、$10^{-5}$、$10^{-6}$ 倍数，取 100 μL 涂布于 WL 培养基上，对所有平板做 3 次重复操作。以 30 ℃培养 2~3 d 后，选择具有典型酵母菌菌落特征(菌落比细菌菌落大而厚，表面光滑、湿润、黏稠，容易挑起，菌落质地均匀，正、反面和边缘、中央部位的颜色均一,菌落多为乳白色)的单菌落进一步划线分离 2 或 3 次,纯化培养两代后,分别将之转入 YPD 斜面培养基,以 4 ℃低温保存(稀释倍数依据微生物的数量决定)。

(2)涂布平板法分离:在无菌培养皿中倾倒已融化并冷却至 45~50 ℃的 PDA 培养基,待平板冷凝后,用移液枪分别吸取 3 个不同稀释度($10^{-4}$、$10^{-5}$、$10^{-6}$)的菌悬液 0.1~0.2 mL,依次滴加于相应编号制备好的 PDA 平板培养基上,在酒精灯火焰旁将菌液自平板中央向四周涂布扩散。

(3)培养观察接种:将所有平板倒置,在适宜温度(28~30 ℃)的培养箱中培养 2~3 d。将葡萄分为 2 组发酵:一组为空白对照组;在另一组中加入提取出的酵母菌,观察在发酵过程中酵母菌的生长对葡萄酒发酵时间的影响。

(4)酵母菌形态观察:用显微镜观察每个发酵阶段的葡萄汁中酵母菌的菌体特征。

3. 酵母菌的检测(利用血球计数板计数法测定):具体如下。

(1)镜检计数室:加样前,对血球计数板的计数室进行镜检,若有污物,则需清洗后再进行计数。

(2)加样品:将清洁、干燥的血球计数板盖上盖玻片,用无菌毛细管将稀释的葡萄酒汁由盖玻片边缘滴 1 滴,让菌液沿缝隙靠毛细渗透作用自行进入计数室,一般计数室均能充满菌液。注意不可产生气泡。

(3)显微镜计数:静止 5 min 后,将血球计数板置于显微镜载物台上,先用低倍镜找到计数室所在位置,然后换成高倍镜进行计数。在计数前若发现菌液太浓或太稀(一般样品要求每小格内有 5~10 个菌体为宜),则需要重新调节稀释度后再计数。位于格线上的菌体一般只数上方和右边线上的,若遇酵母出芽,则当芽体大小达母细胞的一半时按照 2 个菌体计数。计数 1 个样品时,要从 2 个计数室中计得的值来计算样品的含菌量。

(4)清洗血球计数板:使用完毕,将血球计数板放在水龙头下用水柱冲洗,洗后晾干、镜检,观察每小格内是否有残留菌体或其他沉淀物。若有沉淀物,则重新反复冲洗,直至洗净。

## 结果分析

请将酵母菌的检测结果填入表 3-2。

表 3-2  酵母菌的检测结果

| 次数 | 格中细胞数 |
|:---:|---|
| 1 | |
| 2 | |
| 3 | |
| 4 | |
| 5 | |

1. 酵母菌在酒曲中生长和繁殖的条件是什么?
2. 酒曲的类型有哪些?
3. 不同种类的酒曲中可能存在哪些酵母菌?

# 实验 3-3 酸奶的制作

## 实验 概 述

酸奶是发酵食品的一种,是延长鲜牛奶保质期最有效的方法之一。酸奶以鲜牛奶为主要原料,经过不同乳酸菌发酵剂发酵后,通过产生乳酸降低牛奶的 pH 值,使牛奶中的蛋白质凝固,从而改变牛奶的持水性、黏度和流动性,形成风味独特的固态或黏稠态的乳制品。人类食用酸奶最开始起源于游牧民族,当时牧民通过容器中的酵母菌将鲜牛奶发酵,以延长牛奶的保质期,直到 1800 年路易斯·巴斯德(Louis Pasteur)分离并鉴定了酸奶中的乳酸菌,才初步揭示了酸奶的发酵原理。

早在 100 多年前,学者们就已意识到乳酸菌是发酵乳制品风味形成的主要因素,但是直到 20 世纪中期,伊丽莎白·夏普(Elisabeth Sharpe)以乳酪风味、品质的形成过程为例,明确了乳酸菌发酵剂在乳酪风味品质形成过程中发挥的作用。随后,国内外学者以发酵乳酸菌为出发点,证实了不同的发酵剂对乳制品风味、品质的形成具有重要的贡献。在不同的发酵剂中,嗜热链球菌(*Streptococcus thermophilus*)和保加利亚乳杆菌(*Lactobacillus bulgaricus*)成为应用最广泛的发酵菌种。不同发酵菌种通过一定的发酵途径改变了鲜奶的质构、风味和品质,这些发酵途径可概括为 3 个阶段:①产生酸类物质,造成蛋白质凝固;②产生胞外多糖;③形成风味及滋味物质,如乙醛、双乙酰、醇类、酮类、醛类、有机酸类小分子物质等。在这些发酵途径中,还存在着嗜热链球菌和保加利亚乳杆菌之间代谢产物的相互交换和相互利用,2 种发酵菌通过这类代谢产物的交换和利用彼此生长产酸。

## 目的 要 求

1. 了解酸奶加工的基本原理。
2. 学习酸奶简易的制作方法。

## 实验 原 理

酸奶是以牛奶为主要原料,经乳酸菌发酵而成的一种营养丰富、风味独特的保健饮料。用于酸奶发酵的乳酸菌主要是德式乳杆菌保加利亚亚种(*Lactobacillus delbrueckii* subsp. *bulgarivus*)和唾液链球菌嗜热亚种(*Streptococcus salivarius* subsp. *thermophilus*)。

乳酸菌利用牛奶中的乳糖生成乳酸，使 pH 降至酪蛋白等电点(4.6)，当酪蛋白凝固成形后，即成为酸奶。另外，乳酸菌还会促使部分酪蛋白降解，形成乳酸钙、脂肪、乙醛、双乙酰和丁二酮等风味物质。

## 实验材料

牛奶、酸奶、酸奶菌种、白糖、保鲜袋或培养瓶、勺子、锅、电磁炉、一次性塑料杯、恒温培养箱、高压蒸汽灭菌锅。

## 实验步骤

1. 消毒：将勺子放在刚烧开的沸水中煮 10 min，开封多日的牛奶需要煮沸 3 min(若使用新开封盒装或袋装的纯牛奶，则可以省略这一步)，待温度降到 38～42 ℃时，将已经消毒的牛奶倒入提前灭好菌的保鲜袋或培养瓶中。

2. 加发酵剂和白糖：向冷却后的鲜奶中迅速加入发酵剂和白糖，用市售八连杯的原味非灭活型酸奶即可(酸奶与牛奶的比例为 1∶10～1∶5)，如果用酸奶发酵剂(1 L牛奶加 8 g 酸奶菌种)，则做出的酸奶的营养价值和益生菌的数量将更高。接着加入7%左右的白糖水，用勺子搅拌均匀，把保鲜袋或培养瓶口扎紧。白糖一方面可以调节酸奶的口感，另一方面可以作为乳酸菌生长所需的碳源。但白糖添加量不可过多，在酸奶制作过程中，如果放入的白糖过多，则会抑制酸奶发酵菌的生长，增加制作的时间。

3. 保温发酵：将恒温培养箱的温度调至 40 ℃，然后将之放入装有鲜奶和菌种的保鲜袋中，发酵 5 h 左右。如果是在炎热的夏天，则直接在室温下发酵 6 h 即可。发酵时间可以根据自己的口味进行调整，发酵时间越长，则酸度越大。

4. 冷却和冷藏后熟：停止发酵后，小心地从一次性塑料杯中取出保鲜袋，不要剧烈晃动。在室温下冷却 12 min 后，再移入 4 ℃的冰箱内进行冷藏后熟。冷藏后熟阶段是酸奶产生芳香物质的高峰期，是指在制作完成之后的 4 h 或更长。冷藏后熟可促进芳香物质的形成，赋予酸奶良好的风味，增加酸奶的黏度，改善酸奶的硬度，使酸奶口感细腻。一般要求冷藏后熟的温度为 0～5 ℃，时间为 12～20 h。冷藏后熟时间不宜过长，否则可因酸奶过酸而影响口感。

5. 感官分析：选取 10 名小组成员参加感官分析。将酸奶样品装在 20 mL 塑料杯中，对塑料杯用随机数字编码，塑料杯的温度约为 10 ℃。在评估漱口样品之前提供水。使用 10 点混合享乐量表对包括外观、质地和风味在内的样品接受度进行评分，其中 1＝非常不喜欢，10＝非常喜欢。通过平均所有参与者的分数来计算每个样本的总体平均分数。

## 结果分析

请将酸奶制作的结果分析填入表 3-3。

表 3-3  酸奶制作的结果分析

| 项目 | 得分 |
| --- | --- |
| 样品编号 | |
| 外观 | |
| 口味 | |
| 香气 | |
| 质地 | |
| 总分 | |

**思考题**

1. 酸奶制作过程中可能发生的微生物污染问题有哪些？
2. 在酸奶制作过程中，采用混菌发酵有什么优点？

# 实验 3-4  醪糟的制作

**实验概述**

醪糟作为我国传统谷物发酵食品，是以糯米为原料，经过浸泡、蒸煮、加曲、糖化、发酵而制成的富含多种氨基酸、低聚糖的低度酒。醪糟种类丰富，因其原料、发酵剂及工艺的不同而造成其口感和营养成分的差异。近几年来，发酵饮品蓬勃发展，醪糟也常出现在大众面前，目前市面上常见的醪糟营养成分及风味单一，并且使用了各种添加剂。随着人们的健康意识越来越强，通过天然发酵剂制作营养丰富、风味独特的醪糟需求多、潜力大、市场前景广阔。

大多数醪糟的制作工艺基本相近，主要步骤是蒸煮、冷却、加曲、发酵这 4 个部分。其中，蒸煮作为最基本的加工处理方法，不仅可以增加醪糟的风味成分，而且可以增加其后续的出酒率。其原因包括以下几点：①每种谷物有自己独特的营养成分和风味成分，蒸煮后其风味成分会有所激发；②热处理后，淀粉会发生糊化，更容易为后续发酵过程中的各种微生物提供营养物质，从而有效改善发酵效率低的问题；③蒸煮可以利用高温环境杀灭谷物本身所携带的微生物，达到无菌环境，为发酵菌种的生长、发育提供无竞争环境；④发酵作为醪糟风味成分形成的主要环节，其方式对醪糟风味影响显著，醪糟常见的发酵方式包括固态发酵、液态发酵和半固态发酵。

**目的要求**

1. 掌握醪糟酿制的实验原理和基本工艺。
2. 解决酿造过程中的问题并提出预防措施。

实验原理

糯米的主要成分是淀粉(多糖的一种),尤其以支链淀粉为主。将酒曲撒上后,首先根霉和酵母菌开始繁殖,并分泌淀粉酶,淀粉酶可将淀粉水解为葡萄糖。醪糟的甜味即由此得来。醪糟表面的白醭是根霉的菌丝。随后,葡萄糖在无氧条件下于真菌细胞内发生糖酵解代谢,被分解为酒精和 $CO_2$,其反应式为:

$$C_6H_{12}O_6 \rightarrow 2\ C_2H_5OH + 2\ CO_2$$

在有氧条件下,葡萄糖也可被完全氧化 $CO_2$ 和 $H_2O$,提供更多能量,其反应式为:

$$C_6H_{12}O_6 + 6\ O_2 \rightarrow 6\ CO_2 + 6\ H_2O$$

已经生成的酒精也可被氧化成为醋酸,其反应式为:

$$2\ C_2H_5OH + O_2 \rightarrow CH_3COOH + H_2O$$

因此,在发酵过程开始时,可以保留少量空气,以便使食用真菌利用有氧呼吸提供的大量能量快速繁殖,加快发酵速度。不过,在真菌增殖后,就应该防止更多氧气进入,以免葡萄糖被氧化成 $CO_2$ 或者使醪糟变酸。

实验材料

1. 原料:主料为糯米或糯小米、糯玉米、糯高粱;辅料为酒曲,醪糟味道的风格由酒曲决定。

2. 工具:面盆、蒸锅、纱布、瓦罐(或玻璃罐、不锈钢锅)、勺子、恒温培养箱。面盆、蒸锅、纱布、瓦罐(或玻璃罐、不锈钢锅)均须用洗涤剂清洗干净。

实验步骤

1. 糯米加工:将糯米淘洗之后倒入面盆,加水浸泡 6～10 h(夏天浸泡时间短,冬天浸泡时间长)。在蒸锅里加入适量的水,于蒸屉上铺 1 层纱布,烧水沸腾至有水蒸气。将浸泡好的糯米放至纱布上蒸熟,然后放入干净的容器中,用勺子搅拌几下,放凉至 30 ℃ 左右(不烫手的温度)。

2. 配制酒曲:酒曲是一种具有糖化、发酵能力的专用生物制剂,主要由根霉、曲霉、毛霉等组成,含有多种天然植物活性酶,具有淀粉糖化力、酒精发酵力、蛋白分解力、果胶分解力和产生乳酸、琥珀酸等能力。取 1 个干净的容器(如瓦罐、玻璃罐或不锈钢锅),放 1 层糯米洒 1 层酒曲,反复多次,使熟糯米与酒曲充分混合,在最上面 1 层也洒上酒曲,压实后在中间掏个洞,在洞里洒上适量酒曲。

3. 发酵:容器加盖,在 30～32 ℃ 恒温培养箱中发酵 24～48 h。

4. 感官评定:随机选取 10 人组成评定小组,对醪糟的形态、色泽、香味及口感进行感官评分,满分为 10 分。依据表 3 - 4 中的标准进行评分,最后取平均值。

表 3 - 4　醪糟制作的评分标准

| 项目 | 特征 | 得分 |
|---|---|---|
| 形态与色泽<br>（2分） | 质地均一，浅黄色，有光泽 | 1.8～2 |
| | 质地均一，浅黄色，光泽略差 | 1.5～1.7 |
| | 质地不均一，深黄色，微浑 | 1.1～1.4 |
| | 质地不均一，深黄色，无光泽，浑浊 | ≤1 |
| 香味<br>（4分） | 典型的发酵香气和淡淡的酒香，不刺激 | 3.6～4 |
| | 发酵香气或酒味稍重（轻），无异味 | 3.1～3.5 |
| | 发酵香气或酒味偏重，稍有异味 | 2.1～3 |
| | 无发酵香气或酒味极重，异味大 | ≤2 |
| 口感<br>（4分） | 风味柔和，酸甜比例适度，口感细腻 | 3.6～4 |
| | 风味不够柔和，稍偏酸，口感较为细腻 | 3.1～3.5 |
| | 风味不够柔和，过酸，口感不够细腻，有粗糙感 | 2.1～3 |
| | 风味不够柔和，极酸，口感粗糙，有结块 | ≤2 |

## 结果分析

请将醪糟制作的结果分析填入表 3 - 5。

表 3 - 5　醪糟制作的结果分析

| 项目 | 得分 |
|---|---|
| 形态与色泽 | |
| 香味 | |
| 口感 | |
| 总分 | |

## 思考题

1. 如果发现制成的醪糟上有白花花的毛状物，那么是否意味着污染了杂菌？
2. 在糯米中间掏1个洞的目的是什么？
3. 醪糟中主要微生物的功能及其在发酵过程中的作用是什么？

## 实验 3-5  腐乳的制作

### 实验概述

腐乳是一种深受消费者喜爱、富含多种营养成分的传统大豆发酵食品，是我国四大传统发酵调味品之一。腐乳按色、香、味、品质的不同主要分为红方、青方、花方、白方及酱腐乳等。腐乳营养丰富，对人体有着诸多保健作用，100 g 腐乳中必需氨基酸的含量可满足成年人一日的需求。腐乳中还含有黄酮、多肽、γ-氨基丁酸等活性成分和多种矿物元素，既具有抗氧化、降低人体胆固醇含量、增强人体免疫力及预防细胞癌变与老年痴呆的作用，还能预防心血管疾病、哮喘合并症及改善机体神经功能等。目前，我国的腐乳已经出口至日本、美国等多个国家，受到世界人民的推崇和喜爱。

### 目的要求

掌握腐乳生产的工艺过程，了解其制作原理。

### 实验原理

腐乳按照生产工艺可分为发酵型腐乳和腌制型腐乳。发酵型腐乳是经过前期发酵后再腌制；腌制型腐乳则不需要前期发酵，可以直接腌制。目前常用的腐乳发酵菌种有毛霉、根霉、细菌等，其中起主要作用的是毛霉。腌制腐乳时，毛霉等微生物产生的蛋白酶将豆腐中的蛋白质分解成小分子的肽和氨基酸；毛霉等微生物产生的脂肪酶既可将脂肪水解为甘油和脂肪酸，有利于消化、吸收，也可使腐乳相比豆腐含有更多的有机物，使腐乳更加营养丰富、鲜香可口。

传统腐乳制作工艺一般包括以下 4 个步骤。

1. 制作豆腐：将煮沸的豆浆通过盐沉淀制作成豆腐。

2. 毛霉生长：将豆腐切小块后置于适宜毛霉生长的环境中自然接种，使豆腐块表面长满毛霉。

3. 加辅料腌制：加盐，以抑制毛霉生长；加香辛料，以提升腐乳的风味口感。

4. 密封成熟：将腌制好的豆腐块放进玻璃瓶中，密封保存 2～3 个月后即可食用。

### 实验材料

新鲜豆腐、笼屉、粽叶、毛霉斜面菌种、食盐、卤汤、广口玻璃瓶、高压蒸汽灭菌锅、酒精灯、胶条。

### 实验步骤

1. 选取含水量 70% 左右的豆腐，将豆腐洗净沥干，切成 3 cm×3 cm×1 cm 的若干小块，放在平铺有粽叶的笼屉中，保持一定的湿度。每块豆腐等距离平放，周围留有一定的空隙。

2. 在豆腐上铺上干净的粽叶，若气候干燥，则用保鲜膜将笼屉包裹起来，但不封严，以免湿度太高不利于毛霉生长。

3. 将温度控制在 15～18 ℃，3～5 d 后豆腐长出毛霉(有直立菌丝)。

4. 当毛霉生长旺盛，呈现淡黄色时，去除包裹笼屉的保鲜膜及铺在上面的粽叶，使豆腐块的热量和水分迅速散失，同时散去霉味，这一过程一般持续 36 h 以上。当豆腐凉透后，将豆腐间连接在一起的菌丝拉断，整齐叠放在玻璃瓶中，准备腌制。

5. 长满毛霉的豆腐块与盐质量分数比为 5∶1，将培养豆腐块时靠近笼屉且没有长菌丝的一面统一朝向玻璃瓶边，将豆腐块分层摆放在玻璃瓶中，逐层加盐，并随着层数的增加不断增加盐量，在瓶口表面铺盐厚些，防止杂菌从瓶口进入。腌制约 8 d。

6. 加卤汤装瓶(后期发酵)：将米酒、黄酒、糖及各种香辛料(花椒、胡椒、桂皮、辣椒、八角茴香等)按照不同口味混合制成卤汤，卤汤酒精含量控制在 12% 左右为宜。

7. 将广口玻璃瓶刷干净后，用高压锅在 100 ℃蒸汽灭菌 30 min。将腐乳摆入瓶中，加入卤汤和辅料后，将瓶口用酒精灯加热灭菌，用胶条密封。在常温情况下，一般密封腌制 6 个月，即可获得腐乳。

## 结果分析

简述腐乳生产的操作过程和腐乳发酵过程中的主要变化。

## 思考题

1. 制作腐乳应该挑选多少含水量的豆腐？为什么？利用的毛霉来自哪里？

2. 加盐腌制时盐的用量是多少？加盐的方法及作用是什么？

3. 装瓶和密封时应注意哪些操作以防止杂菌污染？

4. 酵母菌在腐乳制作过程中有什么作用？

# 实验 3-6　葡萄酒的制作

## 实验概述

葡萄酒是用新鲜的葡萄或葡萄汁经发酵酿成的酒精饮料，通常分为红葡萄酒和白葡萄酒 2 种。前者以带皮的红葡萄为原料酿制而成，后者以不含色素的葡萄汁为原料酿制而成。葡萄酒的酒性完全受到土壤、气候及酿酒技巧等因素的影响，但是其风味完全取决于酿造葡萄酒的葡萄品种和发酵菌种。葡萄酒酵母在微生物分类学上隶属于子囊菌纲、酵母属、啤酒酵母，也称为酿酒酵母(*Saccharomyces cerevisiae*)。葡萄酒酵母常为椭圆形、卵圆形，一般为 $(3～10)\mu m \times (5～15)\mu m$，细胞丰满，在葡萄汁琼脂培养基上，以 25 ℃培养 3 d，可形成圆形菌落，色泽呈奶黄色，表面光滑，边缘整齐，中心部位略凸出，质地为明胶状，很容易被接种针挑起，培养基无颜色变化。

## 目的要求

1. 掌握葡萄酒的酿造工艺。
2. 熟悉葡萄酒的酿造原理。

## 实验原理

制作葡萄酒应用了酵母菌的发酵作用。在厌氧条件下，葡萄汁中的葡萄糖、果糖及加入的蔗糖被分解为 $CO_2$ 和酒精，最终发酵成葡萄酒。

## 实验材料

新鲜葡萄、酿酒酵母、广口玻璃坛、发酵罐（玻璃瓶、陶瓷缸等便于密封的容器）、白糖或冰糖、保鲜膜、木棒、无菌纱布（用于过滤）、木棒或木勺（搅拌用）、漏斗、一次性手套若干。

## 实验步骤

1. 实验材料的挑选与处理：挑选成熟的、无病害且完整无破损的葡萄，将葡萄清洗干净，再去掉枝梗，然后晾干备用。

2. 选择容器：一般选择透明的广口玻璃坛，可以很好地观察其发酵情况，千万不要用塑料容器，因为塑料容器很可能与酒精中的成分发生某种化学反应，释放出不利于人体健康的物质。

3. 葡萄破碎加工：破碎工序中要求所有葡萄粒都要破碎且不能伤及种子及果梗（用以避免种子和果梗中所含的单宁、油脂等物质进入果汁中，增加葡萄酒的苦涩和麻味），然后立即加入 50 mg/L $SO_2$。

4. 加糖：将葡萄捏碎并放入发酵罐内，装量以不超过发酵罐的 2/3 为宜。如果想提高葡萄酒的度数，那么也可按 1 kg 糖与 10 kg 葡萄的比例加入白糖或冰糖。

5. 发酵：接种酿酒酵母后，搅拌并盖上瓶盖或用保鲜膜封口，发酵温度在 25 ℃左右。几小时后即有气体产生，十几小时后气量加大，2 d 后气量逐渐减少。每天用木棒搅动，使漏出的葡萄皮浸到溶液中，以充分溶解色素，7～10 d 后，主发酵完成，果皮浮起，葡萄籽和大部分残渣沉到罐底。使用无菌纱布过滤，将剩余的葡萄皮和果渣滤除，放入发酵罐进行二次发酵。

6. 感官评定：随机请 10 位人员根据产品色泽、香味、滋味及组织状态等因素，按表 3－6 中的评分标准进行评分，满分为 100 分。最终统计评分结果。

表3-6　葡萄酒制作的评分标准

| 项目 | 特征 | 得分 |
|---|---|---|
| 色泽 | 淡红紫色，透明，有光泽 | 20 |
| | 淡红紫色，透明，光泽稍差 | 16 |
| | 淡红紫色，透明度较差 | 12 |
| | 暗红色，透明度很差 | 8 |
| 口味 | 酸甜适中，醇和爽口，有很好的复合香味 | 40 |
| | 酸甜适中，醇和适口，有较好的复合香味 | 35 |
| | 口感一般，香味一般 | 30 |
| | 口感极差，有苦涩味 | 25 |
| 香气 | 有醇香，无酸腐等不良气味 | 20 |
| | 稍有醇香，无酸腐等不良气味 | 16 |
| | 无腐败等不良气味 | 12 |
| | 有腐败等不良气味 | 8 |
| 风格 | 透明，无沉淀 | 20 |
| | 透明度较好，无沉淀 | 16 |
| | 透明度较差，无沉淀 | 12 |
| | 透明度很差，有悬浮物等沉淀 | 8 |

结果分析

请将葡萄酒制作的结果分析填入表3-7。

表3-7　葡萄酒制作的结果分析

| 项目 | 得分 |
|---|---|
| 色泽 | |
| 口味 | |
| 香气 | |
| 风格 | |
| 总分 | |

思考题

1. 自然启动酒精发酵和人工接种酿酒酵母对葡萄酒的品质有什么潜在影响？

2. 发酵底物加糖和不加糖对酿制葡萄酒有什么影响？

3. 葡萄酒制作加 $SO_2$ 的作用是什么？

# 第4章 农业微生物生态实验技术

农业微生物生态实验技术在现代农业中具有重要的作用和意义。第一，这些技术可以帮助研究人员深入了解土壤微生物群落的结构、功能和生态作用。通过分析微生物的多样性、群落组成和代谢特性，可以揭示微生物对土壤养分循环、有机物分解、抗病能力等方面的影响，为土壤健康管理和高效农业生产提供科学依据。第二，借助农业微生物生态实验技术有助于发现和利用有益微生物资源。研究人员可以通过实验手段筛选、鉴定和培育具有促进植物生长、抑制土壤病原菌、提高植物抗逆性等功能的微生物菌株，开发新型的生物肥料、生物农药和生物修复剂，从而减少化肥、农药的使用，保护环境，提高农产品品质和产量。第三，农业微生物生态实验技术还可以为生物防治、土壤改良、生态农业等领域的研究和实践提供方法和手段。通过构建人工微生物群落、模拟不同环境条件下的微生物相互作用，可以深入探究微生物在土壤中的功能机制和生态调控效应，为实现农业可持续发展、生态农业建设提供科学支撑。

因此，农业微生物生态实验技术对于加强土壤生态系统的认识、发掘和利用土壤微生物资源、推动农业可持续发展具有重要的作用和意义。通过不断探索和应用这些技术，可以实现农业生产的高效、环保和可持续发展。

## 实验4-1 植物叶斑病病原真菌的分离、鉴定

### 实验概述

植物叶斑病是一种常见的植物病害，由各种病原真菌、细菌或病毒引起。这些病原体侵入植物叶片后，会在叶片表面或内部形成斑点、病斑、萎缩、变色等病症。这种病害对植物的危害主要体现在以下几个方面：第一，病斑会影响植物的光合作用，影响叶绿素的正常功能，从而降低植物的光合作用能力，阻碍其正常的生长和发育；第二，严重的病害会导致叶片凋落、枯死，进而影响植物的生长和发育，从而减少农作物的产量并降低其品质；第三，受感染的植物叶片容易成为其他病原体的次生感染源，加重病害的危害程度，防治植物叶斑病需要投入大量的人力、物力和财力，增加了农作物的生产成本；第四，植物叶斑病的大面积发生和扩散会破坏生态平衡，影响农田生态系统的稳定性。因此，分离、鉴定植物叶斑病病原真菌，及时识别、预防和控制植物叶斑病，对于维护植物健康、提高农作物产量和保护生态环境具有重要意义。

### 目的要求

1. 掌握植物叶斑病病原真菌的分离与鉴定的原理和方法。

2. 了解植物叶斑病病原真菌对植物造成危害的机制。

## 实验原理

利用常规真菌分离、鉴定的方法对植物叶斑病病原真菌进行分离、鉴定。在分离过程中，首先需要从植物病叶中采集样品，并进行适当的处理，如表面消毒等。接着，将样品剪成小组织块。然后，将样品接种到 PDA 培养基上，提供真菌生长所需的营养和环境条件。

在鉴定过程中，主要通过形态学、生理学、生物化学和分子生物学等方法进行鉴定。形态学鉴定是最常用的方法之一，通过观察真菌的形态特征，如菌落形态、颜色、形状、大小等，以及孢子、菌丝等微观结构特征进行初步鉴定。生理学鉴定的内容则包括真菌的生长速率、产孢量、对不同营养物质的利用情况等生理特征。此外，生物化学鉴定通过检测真菌的代谢产物、酶活力、代谢途径等生物化学反应进行鉴定。随着分子生物学技术的发展，分子生物学鉴定也成为一种常用的方法，通过真菌 DNA 提取、PCR 扩增和测序，对获得的核酸序列进行比对和构建系统发育树，进而进行分子鉴定，如 ITS 序列等。将鉴定的菌株进行植物回接实验，观察其叶斑病病症，从而确证该菌株为植物叶斑病的病原菌。

## 实验材料

75％酒精或者 1％NaClO 溶液、青霉素、链霉素、蒸馏水、马丁氏培养基、PDA 培养基、培养皿、PCR 试剂盒、DNA 提取试剂盒、无菌镊子、无菌锥形瓶、超净工作台、显微镜、酒精灯、无菌接种针、试管、恒温培养箱、PCR 仪等。

## 实验步骤

1. 样品采集：选择病情较严重的叶片作为样本。

2. 表面消毒：将采集到的叶片进行表面消毒，可以使用 75％酒精或者 1％NaClO 溶液对叶片进行浸泡或喷洒消毒。

3. 培养基的制备：具体如下。

(1)马丁氏培养基：蛋白胨 5 g，葡萄糖 10 g，$KH_2PO_4$ 1 g，$MgSO_4 \cdot 7H_2O$ 0.5 g，0.1％孟加拉红溶液 3 mL，用蒸馏水定容至 1000 mL，在 121 ℃条件下灭菌 30 min。使用前，向每 100 mL 培养基中加 1％链霉素和 1％青霉素各 0.3 mL。

(2)PDA 培养基：将马铃薯去皮，称取 200 g，切成小块，以沸水煮烂，用纱布过滤，向滤液中加入 20 g 琼脂和 20 g 葡萄糖，待其完全溶解后，用蒸馏水定容至 1000 mL，在 121 ℃条件下灭菌 30 min。

4. 病原菌的分离：采用单斑分离法。首先，在经过表面消毒病斑的病健交界处剪取约 5 mm×5 mm 大小的组织块，然后将消毒好的组织块放入马丁氏培养基中，每皿中放 4 或 5 块，标明日期编号后置于 28 ℃恒温培养箱中培养，3～4 d 后观察菌落生长状况，计算单斑分离率。

5. 培养：将接种好的培养皿置于适宜的温度和光照条件下，促进真菌生长。

6. 病原菌的纯化：将培养好的真菌放在超净工作台中，用无菌接种针挑取菌丝尖端，置于 PDA 培养基中，在 28 ℃恒温培养箱中培养，重复操作至分离菌纯化。

7. 鉴定：具体如下。

(1)形态学鉴定：依据科赫法则确定分离真菌具有致病性后，将这些致病真菌重新接种到培养基中，在 28 ℃条件下培养 5～7 d。培养过程中，肉眼观察菌落特征，菌落正、反面颜色及轮纹等；培养好后，光镜下观察菌丝及孢子特征，分生孢子的大小、形状、孢子梗及隔膜的有无等。

(2)分子生物学鉴定：①用钢珠法提取致病菌 DNA；②用琼脂糖凝胶电泳检测致病菌 DNA；③进行致病菌 rDNA - ITS 区的 PCR 扩增及测序。

将测得的 DNA 序列在 NCBI 数据库用 BLAST 软件进行比对，将测得的序列与已报道的相近植物病原菌的序列进行序列对齐和同源性序列的多重排定，用 MEGA 软件进行序列分析，用邻近法构建分子系统发育树。

## 结果分析

1. 描述待鉴定病原真菌的形态特征。

2. 初步确定待鉴定病原真菌的分类地位。

## 思考题

1. 科赫法则是如何确定致病菌的？

2. 在描述植物叶斑病病原真菌的形态特征时，哪些特征属于鉴别特征？

# 实验 4 - 2　农田土壤中纤维素降解菌的测定

## 实验概述

纤维素是植物细胞壁的主要成分之一，但普通微生物无法直接降解结构复杂的纤维素。然而，纤维素降解菌能够分解纤维素，将其转化为有机酸、气体和其他可利用的碳源，从而促进土壤有机质的分解和循环，增强土壤的肥力。此外，纤维素降解菌还能够在一定程度上减少农业和森林废弃物的堆积，有助于土壤生态系统的健康。在农业生产中，应用纤维素降解菌可以改善土壤结构，增强土壤的保水、保肥能力，提高作物的产量和质量，同时减少化肥和农药的使用，有利于实现可持续发展。

## 目的要求

1. 掌握农田土壤中纤维素降解菌测定的原理和方法。

2. 了解土壤中纤维素降解菌的重要意义。

## 实验原理

利用培养基筛选法筛选土壤中的纤维素降解菌，即使用含有纤维素作为唯一碳源的培养基（富集培养基、筛选培养基、含刚果红的培养基、发酵培养基），观察是否产生纤维素酶的菌落。该方法是最常用的测定纤维素降解菌的方法之一。

## 实验材料

纤维素、培养基、琼脂、碘液、酒精、无菌培养皿、离心管、三角瓶、滤纸条、无菌水、恒温振荡培养箱、高压蒸汽灭菌锅、显微镜、离心机。

## 实验步骤

1. 土样采集：采集农田土样。

2. 培养基的制备：具体如下。

（1）富集培养基：$K_2HPO_4$ 1 g/L，NaCl 0.1 g/L，$MgSO_4 \cdot 7H_2O$ 0.3 g/L，$NaNO_3$ 2.5 g/L，$FeCl_3$ 0.001 g/L，$CaCl_2$ 0.1 g/L。对培养基按照每瓶 50 mL 进行分装，向每个三角瓶中放入约 0.5 g 滤纸条，以 121 ℃灭菌 20 min。

（2）筛选培养基：$(NH_4)_2SO_4$ 2 g/L，$MgSO_4 \cdot 7H_2O$ 0.5 g/L，$K_2HPO_4$ 1 g/L，NaCl 0.5 g/L，羧甲基纤维素钠（CMC - Na）2 g/L，琼脂 20 g/L，以 121 ℃灭菌 30 min。

（3）含刚果红的培养基：在筛选培养基中加入 2 g/L 刚果红。

（4）发酵培养基：蛋白胨 3 g/L，酵母粉 0.5 g/L，$(NH_4)SO_4$ 2 g/L，$K_2HPO_4$ 4 g/L，$CaCl_2$ 0.3 g/L，$MgSO_4 \cdot 7H_2O$ 0.3 g/L，以 121 ℃灭菌 30 min。

3. 纤维素降解菌株的筛选：称量 1 g 土样，以 30 ℃、150 r/min 在富集培养基中振荡培养至滤纸条完全裂解。用无菌水连续稀释培养后的富集培养基，得到 $10^{-7}$ 稀释倍数的稀释液，取稀释液 200 μL，均匀涂布到含刚果红的培养基上，以 30 ℃恒温培养，待菌落长出后，挑选培养特征不同且具有明显透明圈的单菌落，转接到筛选培养基上，纯化后冷冻保存。将纯化后的菌株转接至筛选平板培养基，在 30 ℃恒温培养箱中培养 24 h。用 0.5% 刚果红溶液染色 60 min，再用 1 mol/L NaCl 溶液褪色 60 min，观察染色后的透明圈大小。选择透明圈直径（$D$）/菌落直径（$d$）比值较大的菌株，接种至发酵培养基，以 30 ℃150 r/min 培养 72 h，测定培养液的羧甲基纤维素酶活力，选择酶活力最高的菌株。

4. 纤维素降解菌株的鉴定：具体如下。

（1）形态学鉴定：接种菌株到筛选培养基培养 24 h，观察菌落培养特征，进行革兰氏染色。

（2）分子生物学鉴定：将培养 24 h 的纯化菌液送至相关生物公司进行鉴定，利用细菌 16S rDNA 通用引物 27F（5' - AGAGTTTGATCATGGCTCAG - 3'）、1492R（5' - TAGGGTTACCTT GTTACGACTT - 3'）对菌株 16S rDNA 序列进行扩增，对 PCR 产

物纯化回收后测序，利用 BLAST 软件将测序结果与 GenBank 中的已有序列进行比对，使用 MEGA 软件构建系统发育树，确定菌株的种、属。

## 结果分析

对分离、鉴定得到的纤维素降解菌进行降解效果分析。

## 思考题

1. 从农田土壤中分离纤维素降解菌时，可采取哪些样本处理方法来增加成功分离的可能性？

2. 除了传统的培养法，利用分子生物学技术来鉴定和定量土壤中的纤维素降解菌是否可行，为什么？

# 实验 4-3　农田土壤微生物解磷能力的测定

## 实验概述

土壤解磷微生物是土壤中起重要作用的微生物类群之一，其主要功能是参与土壤中无机磷的转化和有机磷的降解，从而促进植物对磷的吸收利用。这些微生物能够分泌磷酸酶等酶类，将土壤中的有机磷底物水解成无机磷，使之变为植物可吸收的形式。通过这种方式，土壤解磷微生物能够提高土壤中磷的有效性，降低对化学磷肥的依赖，从而减少农业生产对环境的负面影响。此外，解磷微生物还可以与植物根系共生，通过根际区的相互作用，进一步促进土壤中磷的循环和植物对磷的吸收利用。

## 目的要求

1. 筛选出具有高效解磷能力的菌株。
2. 初步掌握菌株的形态描述和分子鉴定。

## 实验原理

通过微生物培养技术测定农田土壤微生物的解磷能力。将土样接种到含有适当基质和磷源的培养基中，培养一定时间后，观察微生物的生长情况及对无机磷酸盐的作用。解磷微生物可利用培养基中的无机磷酸盐进行生长，并释放出磷酸根。通过测定培养液中的磷含量变化，可以定量评估微生物对无机磷的解磷能力。

## 实验材料

DNA 提取试剂盒、$Ca_3(PO_4)_2$、葡萄糖、NaCl、琼脂、无菌生理盐水、电热恒温干燥箱、高压蒸汽灭菌锅、恒温培养箱、锥形瓶、摇床、接种环、滤膜、超净工作台、显微镜、天平、离心机、分光光度计、PCR 仪、核酸电泳仪。

## 实验步骤

1. 样品采集：采集农田土壤作为样本。

2. 培养基的制备：具体如下。

(1)无机磷选择性固体培养基：葡萄糖 10 g，$Ca_3(PO_4)_2$ 5 g，$(NH_4)_2SO_4$ 0.5 g，NaCl 0.3 g，KCl 0.3 g，$MnSO_4 \cdot 7H_2O$ 0.3 g，$FeSO_4 \cdot 7H_2O$ 0.03 g，$MnSO_4 \cdot 4H_2O$ 0.03 g，琼脂18 g，蒸馏水 1000 mL，pH 值为 7～7.5，以 121 ℃灭菌 20 min。其中以 $Ca_3(PO_4)_2$ 为磷源，需与其他药品分开灭菌后混合。

(2)牛肉膏蛋白胨固体培养基：蛋白胨 10 g，牛肉膏 3 g，NaCl 5 g，琼脂 15 g，蒸馏水 1000 mL，pH 值为 7～7.4，以 121 ℃灭菌 30 min。

上述 2 种培养基的配方中去掉琼脂即可制成液体培养基。

3. 解磷细菌的分离筛选及纯化：称取 5 g 土样，加入盛有 45 mL 无菌生理盐水的锥形瓶中，制成 $10^{-1}$ 稀释倍数的土壤悬液，置于 30 ℃的摇床中振荡 30 min。按 10 倍梯度制成 $10^{-2}$、$10^{-3}$、$10^{-4}$、$10^{-5}$、$10^{-6}$ 稀释倍数的土壤悬液，并各取上述梯度的土壤悬液 0.2 mL 均匀涂布在无机磷选择性固体培养基上，每个稀释度重复 3 次。将其倒置于 30 ℃恒温培养箱中培养 4～5 d 后，用接种环挑取具有溶磷圈的单菌落在牛肉膏蛋白胨固体培养基上进行分离及纯化。将纯化后的菌种分别点接于无机磷选择性固体培养基上，在 30 ℃条件下培养 4～5 d 后观察溶磷圈产生情况，通过十字交叉法测量溶磷圈直径($D$)和菌落直径($d$)。根据是否产生溶磷圈及 $D/d$ 值的大小来初步确定菌株的溶磷能力，筛选出具有明显溶磷圈的菌株转接到牛肉膏蛋白胨固体斜面培养基上，置于 4 ℃条件下保存。

4. 形态学鉴定：将筛选得到的解磷细菌分别点种于牛肉膏蛋白胨固体培养基上，在 30 ℃条件下培养 2 d 后观察单菌落的形态特征。

5. 分子生物学鉴定：将解磷细菌接入 50 mL 牛肉膏蛋白胨液体培养基，置于 30 ℃、180 r/min 的摇床中振荡 2 d，然后使用细菌基因组 DNA 提取试剂盒提取解磷细菌 DNA 并进行 PCR 扩增，再将 PCR 产物送至相关生物公司测序。为保证序列的准确度，测序需采用双向测序。将所得的测序结果利用 BLAST 软件与 GenBank 中已有的序列进行比对，使用 MEGA 软件构建系统发育树，确定菌株的种、属。

6. 磷含量标准曲线的绘制：参照《植株全磷含量测定钼锑抗比色法》(NY/T 2421—2013)中磷含量标准曲线的绘制方法，以测得的吸光度值(A 值)为纵坐标、磷浓度为横坐标绘制磷标准曲线。

7. 解磷细菌溶磷能力及培养液 pH 值的测定：将筛选得到的菌株接种于 50 mL 的牛肉膏蛋白胨液体培养基上，经 30 ℃、180 r/min 过夜培养后得到种子液，浓度约为 $1 \times 10^8$ CFU/mL，再按 1% 的接种量接种到无机磷选择性液体培养基中后，置于上述同等条件下培养 7 d。以未接种菌作为对照，每株菌设置 3 组平行样，在摇床培养 1～7 d 的过程中每天定时取样，对一部分样品用 pH 计直接测定培养液的 pH 值，对另一部分样品在 10000 r/min 条件下离心 5 min，对上清液经 0.45 μm 滤膜过滤后用钼锑抗比色法测定光密度值（OD 值），根据磷含量标准曲线计算出上清液中磷的含量。

## 结果分析

请将农田土壤微生物解磷能力测定的结果分析填入表 4-1。

表 4-1　农田土壤微生物解磷能力测定的结果分析

| 菌种编号 | 菌名 | 菌落形态 | 是否产生溶磷圈 | D/d 值 |
|---|---|---|---|---|
| | | | | |
| | | | | |
| | | | | |
| | | | | |

## 思考题

1. 在农田土壤微生物解磷能力的测定中，底物的选择对实验结果有什么影响？

2. 在不同土壤类型或不同农田管理模式下比较微生物的解磷能力，你将如何设计实验方案？

# 实验 4-4　农田土壤微生物聚磷能力的测定

土壤聚磷微生物是一类能够合成和储存聚合物磷酸盐（聚磷体）的微生物，它们在土壤生态系统中扮演着重要的角色。聚磷微生物能够通过吸收和储存土壤中的磷来调节土壤中磷的生物有效性及维持土壤中磷的动态平衡。此外，聚磷微生物还参与土壤中磷的循环过程，促进磷的转化和利用。它们能够将无机磷转化为有机磷，并将其储存在细胞内的聚磷体中，从而影响土壤中磷的生物有效性和可利用性。通过这些生物过程，聚磷微生物有助于维持土壤中磷的平衡，促进土壤健康和生态系统的稳定。

## 目的要求

1. 筛选出具有高效聚磷能力的菌株。

2. 初步掌握菌株形态描述和分子鉴定的方法。

## 实验原理

钼酸铵分光光度法是一种常用于测定土壤微生物聚磷能力的方法。首先，对土壤样品进行处理，以将土壤中的磷溶解为溶液中的可测量形式。通常，酸提取法被广泛用于此目的。提取后的土壤溶液中的磷酸盐会被还原为磷酸，包括聚磷酸盐。接下来，将提取液中的磷酸盐与酶（如酸性磷酸酶）一起加入含有钼酸铵的试剂中。在酸性条件下，钼酸铵与磷酸盐反应，生成黄色沉淀物，其中包括聚磷酸盐。根据测量产生的沉淀物的 OD 值，可以间接地评估土壤中聚磷微生物的能力。沉淀物的 OD 值与土壤中聚磷酸盐的含量成正比，因此，可以用其来衡量土壤微生物聚磷的活性水平。

## 实验材料

DNA 提取试剂盒、$Ca_3(PO_4)_2$、葡萄糖、NaCl、琼脂、电热恒温干燥箱、高压蒸汽灭菌锅、恒温培养箱、超净工作台、三角瓶、显微镜、天平、离心机、分光光度计、PCR 仪、核酸电泳仪。

## 实验步骤

1. 样品采集：采集农田土壤作为样本。

2. 培养基制备：具体如下。

(1)牛肉膏蛋白胨培养基：牛肉膏 5 g，蛋白胨 10 g，NaCl 5 g，$H_2O$ 1000 mL，pH 值为 7.4～7.6，琼脂 15 g。

(2)YG 培养基：酵母浸膏 1 g，葡萄糖 1 g，$K_2HPO_4$ 0.3 g，$KH_2PO_4$ 0.25 g，$MgSO_4$ 0.2 g，$H_2O$ 1000 mL，琼脂 15 g。

(3)MOPS 培养基：3-(N-吗啡啉)丙磺酸(MOPS)8.370 g，3-(羟甲基)甲基甘氨酸 0.717 g，定容至 44 mL，加入 10 mol/L KOH，调 pH 值至 7.4，加入 0.01 mol/L $FeSO_4$ 1 mL，再按下列顺序加溶液：$NH_4Cl$(1.9 mol/L) 5 mL，$K_2SO_4$(0.276 mol/L) 1 mL，$CaCl_2 \cdot 2H_2O$(0.02 mol/L)0.025 mL，$MgCl_2 \cdot 6H_2O$(2.5 mol/L)0.21 mL，NaCl(5 mol/L)10 mL，微量元素混合液 0.02 mL，葡萄糖 0.1 g，X-Pi 5 mg，微量硫胺素(维生素 $B_1$)溶液，定容到 100 mL。

(4)限磷培养基：取 50 mL10×MOPS 培养基，置于 500 mL 三角瓶中，加入 0.0087 g $K_2HPO_4$。

(5)过磷培养基：取 50 mL 10×MOPS 培养基，置于 500 mL 三角瓶中，加入 0.173 g $K_2HPO_4$。

(6)聚磷培养液：$MgSO_4$ 0.4 g，$FeSO_4$ 0.002 g，$CaSO_4$ 0.08 g，乙酸钠 0.5 g，牛肉膏 0.22 g，$(NH_4)_2SO_4$ 0.2g，$H_2O$ 1000 mL，加入不同量的 $K_2HPO_4$ 调节磷的浓度。

(7)无机盐培养基：$NH_4Cl$ 1.1 g，$K_2HPO_4$ 1 g，NaCl 0.5 g，KCl 0.2 g，$MgSO_4 \cdot 7H_2O$ 0.2 g，$FeSO_4$ 0.001 g，$CaCl_2$ 0.01 g，微量元素混合溶液 1 mL，$H_2O$ 1000 mL。

3. 聚磷菌的分离及筛选：进行蓝斑初筛。将采集的农田土壤样品摇匀，稀释后涂到 YG 平板培养基上，在 30 ℃条件下放置 1 d，挑出单菌落，纯化。将纯化的菌分别接到限磷和过磷 MOPS 平板培养基上验证，培养 5 d 后，过磷和限磷 2 个平板上均出现蓝斑的菌即为初筛聚磷菌。

4. 菌株的鉴定：用划线平板法得到单菌落，挑取单菌落进行 PCR 扩增。PCR 引物为 27F(5′- AGAGTTTGATCMTGGCTCAG - 3′)、1492R(5′- TACGGHTAC CT-TACGACTT - 3′)。PCR 条件为 94 ℃变性 5 min，94 ℃变性 30 s，55 ℃变性 50 s，72 ℃变性 50 s。循环 30 次。以 72 ℃延伸 10 min，体系为 50 μL。取 2 μL 反应液进行 1‰琼脂糖电泳检测，PCR 扩增产物并测序。将 16S rDNA 测序结果用 BLAST 软件与 GenBank 中的已有序列进行比对，对其结果进行比较分析。

5. 聚磷率的测定：将目标菌株接种至聚磷培养液中，以 30 ℃、170 r/min 振荡培养。将培养好的菌悬液以 8000 r/min 离心 6 min，取上清液，用钼酸铵分光光度法测定总磷值，与未接菌的聚磷培养液的总磷值对照，计算聚磷率。计算公式：

$$聚磷率＝(聚磷培养液总磷值÷上清液总磷聚磷培养液总磷值)×100\%$$

## 结果分析

请将农田土壤微生物聚磷能力测定的结果分析填入表 4 - 2。

表 4 - 2　农田土壤微生物聚磷能力测定的结果分析

| 菌种编号 | 菌落形态 | 过磷培养基上是否有蓝斑 | 限磷培养基上是否有蓝斑 | 聚磷率(%) |
|---|---|---|---|---|
|  |  |  |  |  |
|  |  |  |  |  |
|  |  |  |  |  |
|  |  |  |  |  |

## 思考题

1. 土壤中的环境因素对微生物聚磷能力有何影响？如何在实验设计中控制这些因素？

2. 聚磷微生物有哪些生态功能？

# 实验 4 - 5　农田土壤微生物产碱性蛋白酶的测定

## 实验概述

碱性蛋白酶是一类在中性至碱性 pH 范围内具有催化活性的蛋白水解酶，在其作用的体系中表现为高效水解、定点剪切、水解可控，在皮革、脱毛、蛋白筛选、食品酿造、食品加工等行业中有很大的用途。微生物是碱性蛋白酶的主要来源。本实验旨在从自然环境中筛选高产碱性蛋白酶的菌株，并对其所产碱性蛋白酶的性质进行研究。

## 目的要求

1. 掌握从环境中分离、筛选产碱性蛋白酶菌株的原理和方法。

2. 熟悉选择培养基的原理和培养基的制备方法。

### 实验 原理

从不同环境中筛选获得可产碱性蛋白酶的菌株，并采用福林-酚法检测菌株碱性蛋白酶的活性。福林-酚试剂在碱性条件下容易被酚类化合物还原成钼蓝和钨蓝的混合物，该物质在 680 nm 处有最大吸收峰。因为酪蛋白被蛋白酶水解后的产物中含有酪氨酸，所以可利用上述显色反应间接测定碱性蛋白酶活力。菌株鉴定主要有形态鉴定和分子鉴定 2 种方法。形态鉴定主要通过观察孢子和产孢结构的颜色、形状、大小、革兰氏染色等特征来完成。分子鉴定主要将菌株、菌丝用于其 DNA 提取和检测，然后在 NCBI 数据库中进行比对，以相似度大于 97％ 的物种为最终鉴定结果。

### 实验 材料

1. 农田堆肥土样 5 g。

2. 初筛培养基：$Na_2HPO_4 \cdot 12H_2O$ 15 g，$KH_2PO_4$ 3 g，$NH_4Cl$ 1 g，NaCl 0.25 g，$MgSO_4 \cdot 7H_2O$ 0.5 g，葡萄糖 15 g，脱脂奶粉 15 g，琼脂 15 g，pH 值为 8。

3. 复筛培养基：$Na_2HPO_4 \cdot 12H_2O$ 15 g/L，$KH_2PO_4$ 3 g/L，$MgSO_4 \cdot 7H_2O$ 0.5 g/L，$CaCl_2$ 0.5 g/L，葡萄糖 15 g/L，胰蛋白胨 15 g/L，pH 值为 8。在以上培养基中，应将葡萄糖、脱脂奶粉、$MgSO_4 \cdot 7H_2O$、CaCl 在 115 ℃ 条件下单独灭菌 30 min，然后与其他灭菌成分在超净工作台中混合。

4. 仪器及其他用品：铲子、一次性保鲜袋、一次性手套、超净工作台、高压蒸汽灭菌锅、烘箱、酒精灯、接种针、移液枪、记号笔、无菌水、纱布条、无菌培养皿、镊子、牙签、75％酒精、500 mL 锥形瓶、1000 mL 烧杯、分光光度计、恒温培养箱、摇床、$Na_2CO_3$ 溶液、福林-酚试剂、水浴锅、三氯乙酸（TCA）溶液、草酸铵结晶紫染色液、卢氏碘液、蒸馏水。

### 实验 步骤

1. 菌株初筛：取 1 g 土样，加入含有无菌水的 500 mL 锥形瓶中，在 160 r/min、37 ℃ 条件的摇床中振荡 20 min。取土壤浸出液，依次稀释 $10^{-1}$、$10^{-2}$、$10^{-3}$、$10^{-4}$、$10^{-5}$、$10^{-6}$ 倍数后，用移液枪分别取 100 μL 滴到固体培养基上，用涂布棒涂抹均匀，在 37 ℃恒温培养箱中培养24 h。用灭菌后的牙签将有明显水解圈的单菌落点种到初筛培养基上，在 37 ℃ 恒温培养箱中静置培养24 h，测量水解圈直径（D）和菌落直径（d），测定 D/d 值。

2. 菌株复筛：将初筛得到的在脱脂牛奶平板上有明显透明圈的菌株利用复筛培养基发酵 24 h，然后测定发酵液在室温下的酶活力。

3. 碱性蛋白酶酶活力测定：包括以下步骤。

（1）酪蛋白标准曲线的绘制：将 100 μg/mL 酪氨酸标准溶液分别稀释成 10 μg/mL、20 μg/mL、30 μg/mL、40 μg/mL、50 μg/mL、60 μg/mL 的浓度梯度，吸取各浓度 1 mL 于试管中，依次加入 5 mLNaCO₃ 溶液和 1 mL 福林-酚试剂，置于 40 ℃水浴锅中反应 20 min，取出后，以没有酪氨酸试管中的反应液为空白对照，测定反应液在 680 nm 处的 OD 值，绘制 $OD_{680}$ 随酪氨酸浓度的变化曲线，计算出当 $OD_{680}$ 为 1 时的酪氨酸的量（μg），即为吸光常数 $K$ 值，其 $K$ 值应保持在 95～100。

（2）碱性蛋白酶活力的测定步骤：具体如下。①粗酶液的制备：因为实验筛选的是产胞外碱性蛋白酶的菌株，所以经摇瓶发酵培养 24 h 后，在 4 ℃、10000 r/min 条件下离心 12 min，收集到的上清液即为粗酶液，将之保存于 4 ℃ 环境中。②将底物和 TCA 溶液放在 40 ℃ 水浴锅中预热 3 min。③取适当稀释的粗酶液 1 mL，在 40 ℃ 水浴锅中预热 2 min，加入底物 1 mL，混匀后在相同水浴条件反应下 10 min 后，立即加入 TCA 溶液 2 mL，以终止反应，在室温条件下放置 3 min 后，在 12000 r/min 条件下离心 3 min。④吸取上一步离心后的上清液 1 mL，依次加入 5 mL $Na_2CO_3$ 溶液和 1 mL 福林-酚试剂，混匀后置于 40 ℃ 水浴锅中反应 20 min，冷却至室温后测定 680 nm 处的 OD 值。每个样品进行 3 次平行实验，取平均值。

空白对照的处理方法是先加三氯乙酸使酶失活，其余步骤同上。

（3）碱性蛋白酶活力的计算：在 40 ℃、pH 值为 7.5 的测定条件下，每分钟水解酪蛋白产生 1 μg 酪氨酸所需要的酶量为 1 个酶活力单位（U）。碱性蛋白酶活力计算公式：

$$碱性蛋白酶活力（U）= \frac{A \times K \times 2 \times N}{10}$$

式中，$A$ 为样品平均吸光值；$K$ 为吸光常数；2 为反应体积；10 为反应时间（min）；$N$ 为酶液的总稀释倍数。

4. 菌株鉴定：具体如下。

（1）形态学观察：将筛选得到的菌株接种到琼脂平板上划线，在 37 ℃ 恒温培养箱中静置培养 24 h，观察单菌落的形状、颜色和大小等特征，再用草酸铵结晶紫染色液和卢氏碘液进行革兰氏染色。

（2）分子鉴定：采用某公司提供试剂盒（TIANamp BacteriaDNA Kit）提取总 DNA，利用通用引物进行 PCR 扩增，对 PCR 产物用 1% 琼脂糖凝胶电泳进行检测，将合格的产物（DNA 模板）送至相关生物公司进行细菌 *16S rRNA* 或真菌 *ITS* 基因测序。将测序得到的序列上传 BLAST 软件进行比对，以相似度大于 97% 的物种为鉴定结果。

请将菌株形态填入表 4-3，将标准曲线填入表 4-4。

表 4-3 菌株形态记录表

| 菌株编号 | 菌落形态特征 | 菌落显微特征 | 革兰氏染色 | 碱性蛋白酶活力 |
|---|---|---|---|---|
|  |  |  |  |  |
|  |  |  |  |  |
|  |  |  |  |  |
|  |  |  |  |  |

表 4-4 标准曲线记录表

| 酪氨酸浓度(μg/mL) | 10 | 20 | 30 | 40 | 50 | 60 |
|---|---|---|---|---|---|---|
| OD$_{680}$ | | | | | | |
| 待测样品吸光度 | | | | | | |

## 思考题

1. 实验中是否使用了适当的土样采集和处理方法？酶活力的测定方法是否准确可靠？

2. 土壤微生物产碱性蛋白酶的生态意义有哪些？这种酶在土壤中的功能是什么？它对土壤生态系统的稳定性和健康有何影响？

# 实验 4-6 农田土壤微生物产吲哚乙酸能力的测定

## 实验概述

吲哚乙酸(IAA)是植物生长素的一种，是植物生长过程中分泌的调节生长的物质，能促进细胞生长、分裂和分化，调节生根等生理功能。研究发现，除植物可合成 IAA 外，微生物(包括真菌、藻类、原生动物及与植物相关的细菌)也能合成并分泌 IAA，且土壤中约有一半的细菌能合成 IAA，这些微生物被称作 IAA 产生菌，而这些微生物常见于植物根际促生菌(PGPR)。色氨酸是微生物合成 IAA 的前体物质，色氨酸的浓度可直接影响 IAA 的产量。研究表明，在一定范围内，微生物的 IAA 产量与色氨酸浓度成正比。

## 目的要求

1. 了解吲哚乙酸、植物根际促生菌的概念。
2. 学习土壤中产 IAA 能力微生物分离、纯化的方法。

## 实验原理

富集培养基是一种为了分离某类微生物而加入助长该类微生物的营养物质或加入抑菌剂抑制其他微生物生长的培养基。在这类培养基中，某种微生物将比其他微生物生长繁殖得更快，能以生长优势来抑制其他微生物的生长。沙尔科夫斯基(Salkowski)比色液是一种含有 $H_2SO_4$ 和 $NaNO_2$ 的混合液，它可以将含有色胺类化合物的样品氧化成带有紫色的产物。这种产物可以通过比色法进行定量分析，从而确定样品中色胺类化合物的含量。

## 实验材料

1. 农作物根际土样 5 g。

2. LB 固体培养基：蛋白胨 10 g，酵母膏 5 g，NaCl 10 g，蒸馏水 1000 mL，pH 值为 7。

3. Salkowski 比色剂：向 50 mL 35％ $HClO_4$ 中加入 1 mL 0.5 mol/L $FeCl_3$。

4. 仪器及其他用品：铲子、一次性保鲜袋、一次性手套、无菌操作台、高压蒸汽灭菌锅、烘箱、酒精灯、接种环、移液枪、记号笔、无菌水、纱布条、培养皿、镊子、75％酒精、500 mL 锥形瓶、1000 mL 烧杯、恒温摇床、福林-酚试剂、TCA 溶液、草酸铵结晶紫染色液、卢氏碘液、蒸馏水、IAA 试剂、分光光度计。

## 实验步骤

1. 产 IAA 微生物的筛选：具体如下。

(1) 取 1 g 土样，加入 99 mL 无菌水中，以 37 ℃、180 r/min 振荡混匀 30 min，制成 $10^{-2}$ 倍数的土壤悬浊液。取 1 mL 稀释的土壤悬浊液，加入 9 mL 无菌水中，依次稀释至 $10^{-3}$、$10^{-4}$、$10^{-5}$、$10^{-6}$ 倍数。使用稀释平板法将稀释的土壤悬浊液 100 $\mu$L 涂布至 LB 固体培养基中，直至变干。分离土壤中的芽孢杆菌，每个梯度设 3 个平行样，在 37 ℃恒温摇床上培养 24 h，挑取形态、颜色、大小不同的菌株进行分离，对分离获得的菌种划线纯化后获得单菌落，将之置于 LB 固体斜面培养基上，在 37 ℃条件下培养，于 4 ℃冰箱内保藏。

(2) 产 IAA 微生物的初筛：将斜面保藏的菌体重新活化至 LB 固体培养基中，以恢复菌体活性，然后用接种环挑取单环单菌落并接种至含 L-色氨酸的 LB 液体培养基中。在 30 ℃条件下培养 48 h。取 1 mL 发酵液，以 4000 r/min 离心 10 min，取 100 $\mu$L 上清液，滴加在白色陶瓷板中，加入同体积的 Salkowski 比色剂，混匀，同时取 100 $\mu$L 20 mg/mL 的 IAA 标准溶液，与同体积 Salkowski 比色剂混合，作为空白处理。在常温条件下避光反应 30 min 后观察颜色变化。颜色变粉红者为阳性，表示能够分泌 IAA，颜色越深表示分泌的强度越大；不变色者为阴性，表示不能分泌 IAA。

2. 分泌 IAA 的定量测定：具体如下。

(1) 对初筛获得的具有分泌 IAA 能力的细菌进行定量测定：培养条件同上，首先用分光光度法测定菌悬液的 $OD_{600}$，然后将菌悬液以 10000 r/min 离心 10 min，取上清液，加入等体积的 Salkowski 比色液，避光静置 30 min，测定其 $OD_{530}$ 值。对照标准曲线，计算单位体积发酵液中 IAA 的相对含量。

(2) IAA 标准曲线绘制：采用纯的 IAA 梯度稀释制备，精确称取 3.28 mg 的 IAA，置于 100 mL 容量瓶中，用甲醇定容(该溶液含 IAA 32.8 mg/L)，再用甲醇依次稀释

1倍，连续进行4次，配成5份浓度依次相差1倍的标准溶液，比色时也是等量的标准溶液加等量的比色液。

3.菌株的鉴定：具体如下。

(1)形态学观察：将筛选得到的菌株接种到琼脂平板上划线，在37 ℃条件下静置培养24 h，观察单菌落的形状、颜色和大小等特征，再用草酸铵结晶紫染色液和卢氏碘液进行革兰氏染色。

(2)分子鉴定：采用某公司提供的试剂盒(TIANamp BacteriaDNA Kit)提取总DNA，利用通用引物进行PCR扩增，对PCR产物用1‰琼脂糖凝胶电泳进行检测，将合格的扩增产物送至相关生物公司进行细菌16S RNA序列测序。将测序得到的序列上传BLAST软件进行比对，以相似度大于97‰的物种为鉴定结果。

## 结果分析

请将菌株特性填入表4-5，将标准曲线填入表4-6。

表4-5 1菌株特性记录表

| 菌株编号 | 菌落形态特征 | 菌落显微特征 | 颜色变化 | 产IAA活力 |
|---|---|---|---|---|
|  |  |  |  |  |
|  |  |  |  |  |
|  |  |  |  |  |
|  |  |  |  |  |

表4-6 标准曲线记录表

| IAA浓度(mg/L) | 10 | 20 | 30 | 40 | 50 | 60 |
|---|---|---|---|---|---|---|
| $OD_{600}$ |  |  |  |  |  |  |
| 待测样品A值 |  |  |  |  |  |  |

## 思考题

1.实验中所用的微生物培养基对于检测土壤中微生物产生IAA的适用性如何？

2.是否有可能通过调节土壤中微生物的IAA产生来提高植物生长的效率或者抵抗逆境的能力？

# 实验4-7 农田土壤微生物生物量碳、氮的测定

## 实验概述

在农田生态系统中，土壤微生物生物量是指土壤中体积小于5～10 $\mu m^3$活微生物的

总量，是土壤有机质中最活跃的和最易变化的部分。土壤有机质（SOC）、有机氮（SON）和有机磷（SOP）的循环既是生物地球化学循环最基本的过程，也是衡量土壤肥力的重要指标。土壤微生物生物量可反映土壤中微生物的功能及活性，具有周转快、对环境变化敏感等特点，其中微生物生物量碳（MBC）作为土壤有机碳中最活跃的部分，常用来表征土壤活性有机碳库的变化；微生物生物量氮（MBN）则是土壤氮素循环的重要指标。研究结果表明，农作物的产量、吸氮量与土壤微生物生物量氮呈正相关。因此，研究农田土壤微生物生物量对于了解土壤养分转化过程和供应状况具有重要的意义。

### 目的要求

1. 掌握土壤环境中碳、氮元素测定的原理和方法。
2. 了解土壤中相关元素对植物生长发育的影响。

### 实验原理

对微生物生物量碳可采用氯仿熏蒸浸提-碳分析仪器法测定，对微生物生物量氮可采用氯仿熏蒸浸提-全氮测定法测定。用氯仿对新鲜土样熏蒸 24 h，待被杀死的土壤微生物细胞破裂后，细胞内容物释放到土壤中，导致土壤中可提取的碳、氨基酸、氮、磷和硫等大幅度增加。土壤微生物生物量能够以一定比例被 0.5 mol/L 的 $K_2SO_4$ 溶液提取，并可被定量测定，可根据熏蒸土壤与未熏蒸土壤测定的有机碳量的差值和提取效率（或转换系数）来估算土壤微生物生物量碳和微生物生物量氮的含量。

### 实验材料

NaOH 溶液、$K_2SO_4$ 溶液、酒精、氯仿试剂、铲子、一次性保鲜袋、一次性手套、2 mm 筛子、干燥器、恒温培养箱、真空泵、往复式振荡机（振荡速率 200 r/min）、冰柜、消煮炉、塑料瓶、蒸馏定氮仪、去离子水、Multi N/C 3100 分析仪。

### 实验步骤

1. 选取 10 m×10 m 大小的秋季土地，在每个部分中间位置随机选 5 点，取 0～20 cm 土层的田间土样 50 g 进行编号，同时将新鲜土样过 2 mm 筛子后混匀，挑出肉眼可见的根系，在 4 ℃条件下保存新鲜土样，用于测定微生物生物量碳、氮的含量。

2. 用去离子水调节新鲜土样湿度至田间持水量的 40％左右，然后将一定量的土壤置于密闭的塑料箱中，并放置在 25 ℃恒温培养箱中进行培养，然后称取 10 g 培养土壤 2 份，将 1 份置于装有酒精、氯仿试剂的干燥器中（干燥器中放一小杯 NaOH 溶液），将干燥器抽至真空，使氯仿沸腾 5 min，关闭干燥器阀门，在 25 ℃暗室中放置 24 h，将另外 1 份置于无氯仿的干燥器中，在相同条件下放置 24 h。熏蒸结束后，将土壤无损地转移至塑料瓶中，加入 40 mL 0.5 mol/L$^{-1}$ K$_2$SO$_4$ 溶液，振荡 30 min 后过滤，吸取滤液，用 Multi N/C 3100 分析仪测定其中的碳、氮含量，同时用烘干法测定土壤含水量，熏蒸土壤的微生物生物量碳、氮值与未熏蒸土壤微生物生物量碳、氮值的差值即为所测土壤的微生物生物量碳、氮值。

## 结果分析

请将农田土壤微生物量碳、氮测定的结果分析填入表 4-7。

表 4-7 农田土壤微生物量碳、氮测定的结果分析

| 样品 | 土壤含水量 | 熏蒸土壤的微生物生物量碳、氮值 | 未熏蒸土壤的微生物生物量碳、氮值 | 土壤的微生物生物量碳、氮值 |
|---|---|---|---|---|
| 1 | | | | |
| 2 | | | | |
| 3 | | | | |

## 思考题

1. 干燥器中放一小杯 NaOH 溶液的目的是什么？

2. 酒精、氯仿试剂通常含有酒精作为稳定剂，使用时应该怎样操作才能去除酒精？

# 第5章 医学微生物生态实验技术

医学微生物生态实验技术是现代微生物学和生态学交叉融合的重要研究领域，它不仅关注微生物群落的结构和功能，还深入探讨了微生物与宿主之间的相互作用及其对人类健康的影响。随着科学技术的不断进步，特别是高通量测序技术和生物信息学的发展，我们对医学微生物生态的认识日益深入，这为疾病的预防、诊断和治疗提供了新的视角和方法。

在医学微生物生态实验技术的研究中，实验设计和操作的精确性至关重要。从样本的采集、处理到微生物群落的分析，每一个步骤都需要严格把控，以确保实验结果的准确性和可靠性。此外，实验过程中的生物安全问题也不容忽视，必须遵循相关的生物安全规范和操作流程，确保实验人员和环境的安全。

本章旨在通过一系列精心设计的实验，探讨与人体相关的特定微生物群落的组成及其对药物的敏感性评价。在接下来的实验中，我们将详细介绍各种实验技术的应用，包括但不限于微生物培养、高通量测序、生物信息学分析等，并讨论这些技术在医学微生物生态研究中的实际应用和潜在价值。

## 实验 5-1 大肠杆菌的药物敏感试验

 实验概述

抗菌药对细菌性传染病的控制起到了非常重要的作用，但由于使用过程中盲目地滥用抗菌药，导致很多致病性细菌产生了耐药性，使得抗菌药对细菌性疾病的控制效果越来越差，不但造成药物浪费，而且还延误病情。

大肠杆菌（*Escherichia coli*）是医院临床标本中分离的常见细菌，由于现在各种抗生素的广泛应用，甚至是滥用，使大肠杆菌对各种抗生素的敏感率不断下降。大肠杆菌对头孢他啶、头孢噻肟、头孢曲松等应用广泛的抗生素的敏感率分别为 86.5%、45.8%、40.3%，并且有逐年下降的趋势。大肠杆菌对哌拉西林和头孢哌酮的耐药率为 40.4% 和 23%。

随着新型致病菌的不断出现，抗菌药的防治效果越来越差，并且各种致病菌对不同的抗菌药的敏感性不同，同一细菌的不同菌株对不同抗菌药的敏感性也有差异。长期以来，致病菌耐药性的产生使各种常用抗菌药失去药效，加上多数药物对细菌的敏感度不易把握，因此，一个准确的结果可作为临床医师选用抗菌药的参考，并提高疗效。

本次实验采用纸片扩散法进行，该方法能够快速、准确地得到某种抗菌药对细菌的作用，即抗药或敏感，以此作为临床用药指导的部分依据。

## 目的要求

1. 了解药物敏感试验的原理。

2. 掌握纸片扩散法的操作方法。

## 实验原理

纸片扩散药物敏感试验的原理：纸片扩散法也称琼脂扩散法，是将含有定量抗菌药物的纸片贴在接种有待测菌的固体培养基上，通过抗菌药物在培养基上的扩散，观察是否出现抑菌环，推断是否抑制细菌的生长。药物扩散的距离越远，药物浓度越低，抑菌能力越强，根据抑菌环的大小可判定药物对细菌抑制作用的强弱。

## 实验材料

1. 主要仪器与设备：高压蒸汽灭菌锅、电子天平、锥形瓶、蒸馏水、电炉、玻璃棒、各种规格的微量移液器、恒温培养箱、硅胶塞或棉塞、100 mL 容量瓶、麦氏比浊管、冰箱、灭菌棉拭子、无菌镊子、滤纸片（直径为 6.6 mm）、其他各种玻璃仪器。

2. 培养基：普通肉汤、营养琼脂培养基、营养琼脂斜面、麦康凯琼脂平板和 5 mL 肉汤管。

3. 试验菌株：不同血清型的大肠杆菌。

4. 质控菌：金黄色葡萄球菌。

5. 试纸：制备普康药物敏感试纸，以及恩诺沙星、环丙沙星、庆大霉素、诺氟沙星、头孢、阿莫西林 6 种抗菌药物的药物敏感试纸。

## 实验步骤

1. 培养基的制备：具体如下。

（1）普通肉汤的制备：用电子天平称取培养基成品 19 g，倒入锥形瓶中，加入蒸馏水 1000 mL，使其完全溶解，分装试管，每管 5 mL，在 121 ℃条件下高压灭菌15 min，冷却后放入 37 ℃恒温箱中过夜，进行无菌检验。如果液体清澈、透明、无菌产生，则证明合格，备用。

（2）营养琼脂斜面和平板的制备：称取营养琼脂（按说明书量），倒入锥形瓶，加蒸馏水，用电炉微微加热，并不停地用玻璃棒搅拌，使其完全溶解，一部分分装试管，每管 4 mL，塞上硅胶塞或棉塞，包扎好，在 121 ℃条件下高压灭菌 15 min。趁热倒成斜面，冷却后放恒温培养箱中过夜，经无菌检验合格后置于冰箱备用。

营养琼脂平板的制备：将另一部分营养琼脂灭菌后倒入已经灭菌的空平皿内，每皿 18~20 mL，冷却后，倒置放入 37 ℃恒温箱中过夜，经无菌检验合格后置于冰箱中备用。

(3)麦康凯琼脂平板的制备：方法同营养琼脂平板的制备方法。

2. 普康药物敏感试纸的制备：具体如下。

(1)药液的配制：用天平称取普康原粉 1.5 g，倒入灭菌干燥的 100 mL 容量瓶内，用灭菌水定容到 100 mL，即配制成 $1.5 \times 10^4$ $\mu g/mL$ 的药液。用时将药液用肉汤稀释 10 倍，即成 1500 $\mu g/mL$ 的药液。

(2)干燥药物敏感试纸的制备：将直径为 6.6 mm 的滤纸片 50 片置于青霉素小瓶内，包扎好瓶口，在 121 ℃条件下高压灭菌 30 min，取出小瓶，置于恒温培养箱内烘干，按每张纸片含 30 $\mu g$ 的量，加入稀释好的普康药液 1 mL，使纸片均匀地浸吸药液，在冰箱内浸泡30~60 min，将小瓶置于恒温培养箱内 2~3 h 烘干后即可使用。

3. 药物敏感菌液的制备：分别挑取经鉴定后保存在麦康盖琼脂平板上的不同血清型的大肠杆菌单菌落 1 或 2 个，接种于各 5 mL 营养肉汤培养基中，置于 37 ℃恒温培养箱中培养 24 h，观察肉汤培养基呈均匀浑浊时进行革兰氏染色，可见呈均匀的中等大小的阴性杆菌。先用麦氏比浊管比浊菌液浓度，再用无菌肉汤稀释菌液，使菌液含 $10^5$ CFU/mL。质控菌：金黄色葡萄球菌菌液的制备方法同大肠杆菌菌液的制备方法。

4. 操作步骤：用灭菌棉拭子分别蘸取不同种的血清型大肠杆菌菌液及金黄色葡萄球菌菌液，在管内壁将多余的菌液挤去后，在琼脂平板表面涂布 3 次，每次旋转 60°，最后沿平板内缘涂抹 1 周，务必使菌液均匀，在室温条件下干燥 3~5 min 后，用无菌镊子将上述 7 种药物敏感试纸贴于琼脂平板表面（每换 1 种纸片，都要对镊子灭菌 1 次），并轻压，使其紧贴在平板表面，药物敏感试纸一旦接触平板，就不要再移动，然后翻转并置于 37 ℃恒温培养箱中培养过夜，16 h 左右取出并观察结果。一般直径 9 cm 的平皿可贴 7 张药物敏感试纸，各试纸中心相距应该大于 24 mm，试纸距离平板内缘应大于 15 mm。

5. 药物敏感判断标准的确立：将抑菌圈直径的大小作为判断敏感性高低的指标，采用世界卫生组织(WHO)质控标准菌的敏感及抑菌环大小，以划分的方式报告结果，即敏感、中度敏感和耐药。

注意：①在涂抹菌悬液时，应保证培养基表面干燥无水；②在贴药物敏感试纸时，一定要稳、准，不能在培养基表面来回移动，水平放置、轻轻按压即可；③药物敏感试纸相聚不能太近，否则会影响对结果的判读。

对抑菌圈大小的解释标准见表 5-1。

表 5-1 对抑菌圈大小的解释标准

| 抗菌药 | 纸片含量 (μg/片) | 判定标准——抑菌圈直径(mm) | | |
|---|---|---|---|---|
| | | 耐药(R) | 中度敏感(I) | 敏感(S) |
| 恩诺沙星 | 5 | ≤14 | 15~19 | ≥20 |
| 环丙沙星 | 5 | ≤15 | 16~20 | ≥21 |
| 庆大霉素 | 10 | ≤12 | 13~14 | ≥15 |
| 诺氟沙星 | 10 | ≤12 | 13~16 | ≥17 |
| 头孢 | 30 | ≤14 | 15~22 | ≥23 |
| 普康 | 30 | ≤12 | 13~17 | ≥18 |
| 阿莫西林 | 10 | ≤13 | 14~16 | ≥17 |

结果分析

请将平均抑菌圈直径填入表 5-2。

表 5-2 平均抑菌圈直径

| 样品 | 平均抑菌圈直径 | 结果 |
|---|---|---|
| 1 | | |
| 2 | | |
| 3 | | |

思考题

1. 试述药物敏感试验的意义。

2. 抗生素的联合使用是否会影响大肠杆菌的药物敏感性？

3. 不同菌株对同一种抗生素的敏感性是否存在差异？这种差异可能受到何种因素的影响？

# 实验 5-2  皮肤、毛发真菌的镜检和培养

实验概述

皮肤既是人体最大的器官，也是亿万微生物的栖息地，这些微生物统称为皮肤微生物群。它们在调节宿主的先天与适应性免疫系统中扮演着重要角色，能够帮助人类

抵御外来病原菌的侵袭。一般而言，皮肤真菌能够抵抗干燥、阳光、紫外线及常规化学消毒剂的危害，但对于 2.5% 碘酒和 10% 福尔马林较为敏感，且对热也较为敏感，一般在 60 ℃条件下持续加热 1 h 便可杀死皮肤真菌菌丝和孢子。本实验旨在通过分离和培养皮肤表面的真菌，进一步了解这些常见真菌的特性，掌握其分类和鉴别方法，为今后的微生物学研究或临床应用打下基础。

## 目的要求

1. 掌握皮肤、毛发的采样方法。
2. 了解皮肤、毛发真菌的种类。

## 实验原理

将从样品上获得的菌液进行一系列的梯度稀释，然后将不同稀释度的菌液分别涂布到琼脂固体培养基的表面进行培养。在稀释度足够高的菌液里，聚集在一起的微生物将被分散成单个细胞，从而能在培养基表面形成单菌落。

## 实验材料

1. 皮肤标本、毛发标本、沙氏葡萄糖蛋白胨琼脂、沙保弱培养基、灭菌湿棉签、钝刀、氯霉素、镊子、封固液(10% KOH)、乳酸酚棉蓝染色液。

2. 培养基的配方具体如下。

(1)营养琼脂培养基：蛋白胨 10 g/L，牛肉膏粉 3 g/L，NaCl 5 g/L，琼脂 15 g/L，最终 pH 值为 7，蒸馏水 1000 mL。

(2)沙保弱培养基：葡萄糖 40 g/L，蛋白胨 10 g/L，琼脂 15 g/L，蒸馏水 1000 mL。

(3)LB 培养基：胰蛋白胨 10 g/L，酵母提取物 5 g/L，NaCl 10 g/L，琼脂 15 g/L，蒸馏水 1000 mL。

## 实验步骤

1. 皮肤和毛发标本的采集：具体如下。

(1)皮肤标本的采集：用灭菌湿棉签反复擦拭皮肤取样部位，或用钝刀刮取少量皮肤表面皮屑。

(2)毛发标本的采集：选择适当的毛发，应检测那些无光泽毛发、断发及在毛囊口折断的毛发。先对镊子进行高压灭菌，用镊子将毛发从头皮上拔除，不应去掉毛发根部。建议取材后立刻对毛发标本进行真菌镜检及培养。

2. 不染色标本的检查：具体如下。

(1)标本制作：取少量标本，置于载玻片上，滴加 1 滴 10% KOH，在其上覆盖玻片，将载玻片放在火焰上方微加热，使组织或角质软化溶解，但切勿过热，以免产生气泡或被烤干。也可将盖玻片稍加按压，使溶解的组织分散并使其透明，吸去周围溢液，以免玷污盖玻片。

(2)检查：先用低倍镜检查有无真菌菌丝或孢子，如果发现有菌丝或孢子，则再用高倍镜检查菌丝或孢子的特征。镜检时，以用稍弱的光线使视野稍暗为宜。低倍镜下，菌丝呈折光性较强的分枝丝状体；高倍镜下，菌丝呈分隔或大量关节孢子，有时菌丝末端有较粗短的关节孢子。

3. 染色标本的检查：具体如下。

乳酸酚棉蓝染色法：取洁净载玻片1块，滴加1滴染液，将皮屑标本放于染色液中，加上盖玻片(加热或不加热)后镜检。

4. 用平板划线法分离：具体如下。

(1)取适合真菌的琼脂培养基融化，冷却至45 ℃，注入无菌平皿中，每皿15～20 mL，制成平板待用。

(2)取出采集的标本少许，投入盛无菌水的试管内，振摇，使分离菌悬浮于水中。

(3)将接种环经火焰灭菌并冷却后，蘸取上述菌悬液，进行平板划线。

(4)划线完毕，置于恒温培养箱中培养2～5 d。待长出菌落后，挑取单个菌落制片检查。若只有1种真菌生长，则可进行单菌纯培养。若有杂菌，则可从单个菌落中挑取少许菌制成悬液，再做划线分离培养。有时需反复多次才能获得纯种。另外，也可在放大镜下观察，用无菌镊子夹取一段待分离的真菌菌丝，直接放在平板上做分离培养，以获得该种真菌的纯种。

5. 真菌培养性状的观察：具体如下。

(1)真菌在固体培养基上的菌落特征。

酵母菌菌落：酵母菌在固体培养基上多呈油脂状或蜡脂状，表面光滑、湿润、黏稠，有的表面呈粉粒状、粗糙或皱褶。菌落边缘整齐、缺损或呈丝状。菌落颜色有乳白色、黄色或红色等。

丝状真菌菌落：将不同的霉菌在固体培养基上培养2～5 d，可见霉菌菌落呈绒毛状、絮状、蜘蛛网状等。菌落大小依物种而异，有的能扩展到整个固体培养基，有的有一定的局限性(直径仅1～2 mm或更小)。很多霉菌的孢子能产生色素，致使菌落表面、背面甚至培养基呈现不同的颜色，如黄色、绿色、青色、黑色、橙色等。

(2)真菌在液体培养基中的特征。

酵母菌菌落：注意观察其浑浊度、沉淀物及表面生长性状等。

丝状真菌菌落：丝状真菌在液体培养基中生长，一般都在表面形成菌层，且不同的真菌有不同的形态和颜色。

## 结果分析

请将皮肤、毛发真菌的镜检和培养结果填入表5-3。

表 5-3 皮肤、毛发真菌的镜检和培养结果

| 样品 | 培养基上形态 | 菌落颜色 | 菌落大小 | 鉴定菌种 |
|---|---|---|---|---|
| 1 | | | | |
| 2 | | | | |
| 3 | | | | |
| 4 | | | | |
| 5 | | | | |

思考题

1. 在真菌培养初期，真菌菌丝生长正常，但随着培养的进行，真菌生长变缓，镜下观察可见真菌菌丝萎缩等现象，同批培养的其他平板并没有出现上述问题。这可能是什么原因引起的？如何避免？

2. 哪些因素可导致培养实验中的假阳性或假阴性结果？如何减少这些因素对实验结果的影响？

# 实验 5-3 手掌细菌的分离培养

实验概述

人体手掌的细菌含量十分丰富，理论上 1 个活细菌就能长出 1 个菌落。通过计数在一定的平板培养基上生长的菌落数，可以获得采样部位的细菌总数。细菌总数可反映手掌上细菌的分布情况。

目的要求

1. 在实践中学习培养基的制备、消毒和灭菌，细菌的分离与培养。
2. 验证手掌细菌的存在。

实验原理

培养基含有细菌生长所需要的营养成分，当取自不同来源的样品接种于培养基时，在适当的温度和湿度下培养 1~2 d 后，每个活的菌体即能通过多次细胞分裂而进行大量繁殖，形成 1 个肉眼可见的称为菌落的细胞群。每种细菌所形成的菌落都有自己的特点，如菌落的大小，表面干燥或湿润、隆起或扁平、粗糙或光滑，边缘整齐或不整

齐，菌落透明、半透明或不透明，颜色差异及质地疏松或紧密等。因此，可通过平板培养来检测手掌微生物（细菌）的数量和类型。

## 实验材料

LB培养基、离心管、无菌平皿、移液枪、无菌生理盐水、棉签、酒精灯、恒温培养箱。

## 实验步骤

1. 无菌操作倒平板：将已灭菌的固体培养基融化并冷却至55℃左右，通过无菌操作将培养基倒入无菌平皿中，放置一旁，待冷却凝固后使用。

2. 加水：用移液枪在已灭菌的小离心管中加入1 mL无菌生理盐水。

3. 取棉签：左手拿装有棉签的小平皿，在火焰旁半开皿盖，小心取出棉签。

4. 湿棉签：在酒精灯火焰旁将棉签插入无菌生理盐水中片刻后取出，在管壁上挤压一下，以除去过多的水分，小心地将棉签取出，盖好管盖。

5. 取样：用湿棉签在体表指定部位（指甲内、指腹、手掌）擦拭取样（2 cm² 范围内），将棉签放回含无菌生理盐水的小离心管中充分振荡混匀后，弃去棉签。

6. 接种：用1个新棉签沾取适量菌液接种，将沾有菌液的棉签伸入平皿内，在培养基表面均匀划线涂抹接种，可以用棉签的同一位置涂抹2或3个平板，接种后在恒温培养箱中培养2～3 d。

## 结果分析

请将手掌细菌的分离培养结果填入表5-4。

表5-4 手掌细菌的分离培养结果

| 样品 | 菌落数 | 形态 | 颜色 |
|---|---|---|---|
| 指甲内 | | | |
| 指腹 | | | |
| 手掌 | | | |

## 思考题

1. 什么是纯培养？在分离培养实验中如何开展获得单一细菌种群的纯培养？
2. 影响皮肤微生物分布的主要因素有哪些？

## 实验 5-4　酵母样真菌药物敏感试验

### 实验概述

近年来，广谱抗生素、免疫抑制剂、细胞毒性药物的广泛应用，以及导管介入、器官移植、静脉高营养等治疗手段的普及，使得血液病、糖尿病、老年疾病、恶性肿瘤及艾滋病等疾病的发生率不断上升，使真菌感染日益增多。真菌感染(尤其是深部真菌感染)的发病率逐渐增高，大量新型抗真菌药物不断涌现。抗真菌药物敏感试验能够为临床耐药菌株的发现、抗真菌药物的选择提供指导。抗真菌药物敏感试验方法建立在抗细菌药物敏感试验方法基础之上。因为真菌是高等生物，其繁殖方式、生长周期、生长条件等均与细菌不同，所以抗真菌药物敏感试验一直是国内外学者研究的难题。本试验采用 NCCLS M27-A 方案的微量法对白色念珠菌进行药物敏感性分析，以了解白色念珠菌对伊曲康唑的敏感性。

### 目的要求

1. 指导抗真菌药物的选择。
2. 测定抗真菌药物对致病真菌的敏感性，为临床用药量及预后监测提供参考。

### 实验原理

用 NCCLS M27-A 微量法将一定浓度的抗菌药物稀释至不同浓度后，接种受试菌株，通过测定菌株在不同浓度药物培养基内的生长情况，可定量检测该药物的最低抗菌浓度(MIC)、最小杀菌浓度(MBC)、可抑制 50% 受试菌的 MIC($MIC_{50}$)、可抑制 90% 受试菌的 MIC($MIC_{90}$)。

### 实验材料

质控菌株选择近平滑念珠菌 ATCC22019，实验菌株选择白色念珠菌。主要试剂包括沙保弱琼脂培养基、RPMI 1640 原料药粉、3-(N-吗啡啉)丙磺酸(MOPS)、伊曲康唑原料药粉(ITC)、无菌生理盐水、二甲基亚砜(DMSO)。

### 实验步骤

1. 菌液的制备：将临床分离的白色念珠菌在沙保弱琼脂培养基上连续转种 2 次，以保证菌株的生长力和纯度。在 35 ℃条件下培养 24 h，取若干直径大于 1 mm 的菌落于无菌生理盐水中振荡 15 s，配制成菌悬液，经麦氏比浊管比浊调整白色念珠菌菌液浓度为(1.2～15)×$10^8$ CFU/mL。

2. 液体培养基的配制：取 RPMI 1640 原料药粉（含 L-谷酰胺而不含 $NaHCO_3$ 和 pH 指示剂）10.4 g，MOPS 34.53 g，加入 900 mL 灭菌注射用水，用 1 mol/mL NaOH 调 pH 值为 7(25 ℃)，定容至 1 L，使 MOPS 缓冲液终浓度为 0.165 mol/mL，用 0.22 $\mu$m 微孔滤膜过滤除菌，在 4 ℃条件下保存备用。

3. 药物贮备液的配制：用 100％二甲基亚砜溶解伊曲康唑原料药粉，制成终浓度 25.6 $\mu$g/mL 的贮备液，分装于 1.5 mL 无菌离心管内，用封口膜封口，置于−20 ℃冰箱内保存备用。

4. 微量药物敏感板的制备：具体如下。

(1)质控菌 MIC 测定：用 RPMI 1640 液体培养基作稀释液，将伊曲康唑贮备液进行倍比稀释，使起始浓度为 64 $\mu$g/mL，终浓度为 0.125 $\mu$g/mL。以上浓度为 2 倍应试药物浓度(DMSO 终浓度不超过 1％)。取系列浓度伊曲康唑药液 100 $\mu$L，对应加入 96 孔平板每行的第 2～11 列各孔中，浓度由高到低，第 1 列为空白对照孔，加入液体培养基 200 $\mu$L，第 12 列为生长对照孔，加入液体培养基 100 $\mu$L。除空白对照孔外，其余各孔均加入 100 $\mu$L 菌悬液。将制备完毕的 96 孔平板置于恒温培养箱中，在 35 ℃条件下培养 48 h，以酶标仪读取 A 值，对结果进行判读。

(2)菌株 MIC 测定：方法同质控菌 MIC 测定。

5. 结果的判读：以酶标仪对 96 孔平板中各孔 A 值进行读取，并结合肉眼观察。

A 值判读：以酶标仪读取 96 孔板各孔 A 值，真菌生长百分数＝(各孔 A 值−空白对照孔 A 值)/生长对照孔 A 值×100％，以抑制 80％以上真菌生长的最低药物浓度作为 MIC 值。

肉眼观察：因 96 孔板中液体的浑浊程度代表了菌株的生长情况，故经肉眼观察后，与生长对照孔相比，并按以下标准记录结果，即肉眼清晰(100％生长抑制)、略模糊(75％生长抑制)、浊度显著降低(50％生长抑制)、浊度轻微降低(25％生长抑制)、浊度无降低(生长不受抑制)。

## 注意事项

1. 测试药物的浓度范围应包括终点浓度和质控株的 MIC 范围。一般常见药物的测试浓度范围如下：两性霉素 B 0.0313～16 $\mu$g/mL，氟胞嘧啶 0.125～64 $\mu$g/mL，酮康唑 0.0313～16 $\mu$g/mL，伊曲康唑 0.0313～16 $\mu$g/mL，氟康唑 0.125～64 $\mu$g/mL，新三唑类药物(如伏力康唑等)0.0313～16 $\mu$g/mL。

2. 测试过程中，需进行生长空白对照、空白对照、质控菌株对照。

3. 因培养基的 pH 值可能影响测试结果，故应严格控制 pH 值于 6.9～7.1。

## 结果分析

请将酵母样真菌药物敏感试验的结果填入表 5-5。

表 5-5　酵母样真菌药物敏感试验的结果

| A 值判读 | 肉眼观察 | MIC 值 |
|---|---|---|
|  |  |  |
|  |  |  |
|  |  |  |

思考题

1. 如何解释药物敏感试验结果中的 MIC 和 MFC？这些参数如何反映药物对酵母样真菌的抗菌效果？

2. 酵母样真菌对药物的耐药性是如何形成的？如何延缓或逆转酵母样真菌的耐药性？

# 实验 5-5　口腔细菌的分离、鉴定

## 实验概述

人类口腔这一生境是结构复杂、微小生命十分活跃的场所。人类口腔内温度、湿度，以及营养的丰富来源、结构的复杂性、理化性质的不同等为口腔内各种微生物的生长、繁殖和定居提供了非常适宜的环境，造就了口腔微生物的多样性。了解口腔微生物的多样性、口腔微生物的菌群变化及影响口腔微生物菌群变化的因素对于防治各种口腔疾病、促进人类健康有着重要意义。影响口腔菌群变化的因素很多，如口腔结构的改变、口腔卫生习惯、营养、宿主的健康状况、微生物之间的相互作用等，这些变化也正是口腔微生物多样性的一个方面。

## 目的要求

1. 学习口腔细菌的分离原理。
2. 掌握口腔细菌的分离方法。

## 实验原理

细菌分离是微生物学中的基本操作之一，它是通过将混合菌液分散到固体培养基上，使细菌单独生长，形成单个菌落，从而实现对细菌的分离、纯化。本实验主要使用 PCR 技术，通过复制和扩增目标 DNA 片段，使 DNA 大量增加。这一技术在细菌鉴定方面被广泛应用，用于鉴定和分析细菌的种类和数量。PCR 技术以其高灵敏度、高特异性和简便快捷的优点，在临床诊断、生物多样性研究等领域具有广泛的应用前景。

## 实验材料

无菌 PBS 缓冲液，GCM18 胰蛋白胨大豆琼脂(TSA)培养基，硫酸盐还原菌专属培养基，结晶紫中性红胆盐琼脂(VRBA)培养基，厌氧菌琼脂培养基，营养琼脂培养基(牛肉膏 3 g，蛋白胨 10 g，NaCl 5 g，琼脂 20 g，蒸馏水 1000 mL，调节 pH 值至 7.2~7.4，121 ℃ 灭菌 25 min)，细菌 DNA 提取试剂盒，细菌通用引物 27F、1492R (见实验 3-1)。

## 实验步骤

1. 取新鲜唾液样本 1 mL，用无菌 PBS 缓冲液(pH 值为 7.2~7.4)稀释 1000 倍，备用。

2. 取 TSA 培养基、硫酸盐还原菌专属培养基、VRBA 培养基、厌氧菌琼脂培养基，按照说明书中的方法配制相应平板，备用。

3. 取稀释的唾液 100 μL，涂布于不同平板培养基上，分别置于需氧、厌氧培养箱内，以 37 ℃恒温培养箱中培养 24 h 后，用营养琼脂培养基进行分离、纯化，获得纯化菌株。

4. 挑取培养基上的适量菌苔，按照细菌 DNA 提取试剂盒说明书中的步骤提取细菌 DNA。以所提取的细菌 DNA 为模版，用通用引物 27F 和 1492R 扩增 *16S rRNA* 基因序列，若用 1%琼脂糖凝胶电泳检测 PCR 产物条带约为 1.5 kb，则送 PCR 产物至相关生物公司进行测序。将测序所得的拼接序列与 HOMD(human oral microbiome database)数据库和 EzTaxon 数据库(EzTaxon server 2.1)中的国际标准模式菌株进行 BLAST 序列比对鉴定，以获得菌种名称。

## 结果分析

请将菌株鉴定结果填入表 5-6。

表 5-6 菌株鉴定结果

| 中文名 | 拉丁名 | 所属纲、目、科、属 |
|---|---|---|
|  |  |  |
|  |  |  |
|  |  |  |
|  |  |  |

思考题

1. 口腔细菌的种类多样性对口腔健康有何影响？在口腔细菌分离鉴定实验的结果中，你是否观察到了不同种类细菌的丰度差异？

2. 口腔细菌群落结构可能的影响因素有哪些？

# 实验 5-6 人肠道微生物中活性菌株的分离、鉴定

## 实验概述

肠道微生物是指一群生活在动物肠道内的微生物群落，其体系庞大、种类和数量繁多，在进化过程中一直维持着动态平衡。肠道微生物主要由厚壁菌门（Firmicutes）和拟杆菌门（Bacteroides）中的种类组成，另有少量变形菌门、放线菌门、疣微菌门和梭杆菌门的种类。肠道微生物动态平衡的维持是微生物之间、微生物与宿主之间相互作用的结果。

在肠道环境中，不同肠型（enterotypes）的出现与宿主的饮食习惯密切相关，宿主的饮食习惯和食物结构组成及宿主与肠道微生物的相互作用，决定了肠道中微生物菌群的结构和组成相对稳定。肠道菌群一旦失去平衡，就会影响宿主的许多生理功能，其中包含新陈代谢障碍及炎症的发生。

## 目的要求

1. 掌握肠道微生物抗菌活性菌株的筛选方法。
2. 理解肠道微生物对人体的重要性。

## 实验原理

人体肠道微生物中活性菌株的分离和鉴定实验涉及多种实验原理，主要包括以下几个方面。

1. 微生物培养原理：实验开始时，将采集的肠道微生物样本接种到适宜的培养基上，利用微生物的生长特性，如温度、pH 值、氧气需求等，促使不同类型的微生物在培养基上生长并形成菌落。

2. 生理、生化特性原理：通过一系列生理、生化实验，如氧气需求情况、产气情况、碳源利用情况等，可以进一步鉴定菌株的生长特性和代谢途径，从而确定其分类和特性。

3. $16S\ rRNA$ 基因测序原理：这是一种利用分子生物学技术来鉴定微生物的方法，通过对菌株的 $16S\ rRNA$ 基因进行 PCR 扩增和测序，然后将测序结果与数据库中的已知序列进行比对，以确定菌株的分类和亲缘关系。

4. 活性筛选原理：根据实验目的的不同，可以采取不同的活性筛选标准，如抗生素的产生能力、益生菌的特性等，通过对菌株培养条件和产物的分析，筛选出具有特定活性的菌株。

## 实验材料

1. 粪便样品来源于健康成年志愿者。指示菌株为金黄色葡萄球菌（*Staphylococcus aureus*）、铜绿假单胞菌（*Pseudomonas aeruginosa*）、奇异变形杆菌（*Proteus mirabilis*）、肺炎克雷伯菌（*Klebsiella pneumoniae*）、大肠杆菌（*Escherichia coli*）、肠炎沙门氏菌（*Salmonella enteritidis*）。

2. 细菌 DNA 提取试剂盒、PCR 扩增试剂盒、细菌通用引物、正丁醇、甲醇、乙酸乙酯、石油醚、牛津杯、96 孔板、微孔滤膜、无菌生理盐水溶液等。

3. 改良高氏一号液体培养基：可溶性淀粉 20 g，$KNO_3$ 1 g，$K_2HPO_4$ 0.5 g，$MgSO_4 \cdot 7H_2O$ 0.5 g，NaCl 0.5 g，$FeSO_4 \cdot 7H_2O$ 0.01 g，琼脂 20 g，重铬酸钾 50 mg，蒸馏水 1000 mL，调节 pH 值至 7.2～7.4，在 121 ℃条件下灭菌 25 min。

4. 营养琼脂培养基：牛肉膏 3 g，蛋白胨 10 g，NaCl 5 g，琼脂 20 g，蒸馏水 1000 mL，调节 pH 值至 7.2～7.4，在 121 ℃条件下灭菌 25 min。

5. 营养肉汤培养基：牛肉膏 3 g，蛋白胨 10 g，NaCl 5 g，蒸馏水 1000 mL，调节 pH 值至 7.2～7.4，以 121 ℃灭菌 25 min。

6. 发酵培养基：大豆蛋白胨 10 g，蛋白胨 2 g，葡萄糖 20 g，可溶性淀粉 5 g，酵母膏 2 g，NaCl 4 g，$K_2HPO_4$ 0.5 g，$MgSO_4 \cdot 7H_2O$ 0.5 g，$CaCO_3$ 2 g，蒸馏水 1000 mL，调节 pH 值至 7.2～7.4，在 121 ℃条件下灭菌 25 min。

## 实验步骤

1. 活性菌株的分离：取健康成年志愿者粪便适量，置于无菌生理盐水溶液中，以 150 r/min 振荡 1 h，使粪便充分分散，静置，上清液即为混合菌液。采用梯度稀释法将混合菌液稀释至 $10^{-4}$、$10^{-5}$、$10^{-6}$、$10^{-7}$，分别吸取各梯度稀释液，接种于改良高氏一号液体培养基中，以 37 ℃、150 r/min 振荡培养 12～24 h，获得混合菌群。将所得混合菌群用稀释涂布法接种于营养琼脂培养基中，待菌落长成后，用接种环挑取优势单菌落，用划线法接种于营养琼脂培养基中。将长成的菌落进一步纯化，得到单菌株。

2. 活性菌株的筛选：具体如下。

(1)样品的预处理：将纯化得到的单菌株用营养肉汤培养基培养活化，分别以 2% 的接种量接种于 5 mL 发酵培养基中，以 37 ℃、150 r/min 在摇床上培养 3～7 d。吸取各单菌株发酵液，以 5000 r/min 离心 10 min，取上清液，经 0.22 μm 无菌滤膜过滤后，于 4 ℃条件下保存。

(2)抗菌活性的筛选：采用牛津杯法验证发酵液活性：将指示菌（金黄色葡萄球菌、铜绿假单胞菌、奇异变形杆菌、肺炎克雷伯菌、大肠杆菌、肠炎沙门氏菌）菌液浓度分别调至 $1.5 \times 10^8$ CFU/mL，吸取 100 μL，接种至固体培养基中，在表面放置牛津杯，向其内加 150 $\mu$L 待测样品，以空白培养基为实验对照组，每组设置 3 个重复操作。在平皿中以 37 ℃ 静置 8～16 h，通过观察牛津杯周围有无透明圈来确定其发酵液样品有无抗菌活性，用直尺测量透明圈的直径并记录，结果取平均值。

3. 活性菌株的鉴定：用细菌 DNA 提取试剂盒提取菌液 DNA，采用 35 $\mu$L 反应体系进行 16S rDNA 序列全长扩增，所用引物为细菌通用引物 27F、1492R。PCR 产物经 1‰ 琼脂糖凝胶电泳，观察凝胶成像系统的扩增效果并拍照，将扩增成功的 PCR 产物送至相关生物公司进行双向测序。将测序结果与 GenBank 中已知的核酸序列进行比对和鉴定。

## 结果分析

请将活性菌株对指示菌的抑菌结果填入表 5-7，将活性菌株的鉴定结果填入表 5-8。

表 5-7　活性菌株对指示菌的抑菌结果

| 菌株名称 | 指示菌株 | 菌种分类 | 抑菌圈直径(mm) |
|---|---|---|---|
|  | 金黄色葡萄球菌 | 革兰氏阴性菌 |  |
|  | 铜绿假单胞菌 | 革兰氏阴性菌 |  |
|  | 奇异变形杆菌 | 革兰氏阴性菌 |  |
|  | 肺炎克雷伯菌 | 革兰氏阴性菌 |  |
|  | 大肠杆菌 | 革兰氏阴性菌 |  |
|  | 肠炎沙门氏菌 | 革兰氏阴性菌 |  |

表 5-8　活性菌株的鉴定结果

| 中文名 | 拉丁名 | 所属纲、目、科、属 |
|---|---|---|
|  |  |  |
|  |  |  |
|  |  |  |
|  |  |  |

## 思考题

1. 除上述培养基外，你认为还有哪些培养基还可用于人体肠道微生物的分离，为什么？

2. 在进行分离和鉴定的过程中，有哪些伦理和安全问题需要考虑？如何确保实验室操作的安全性和合规性？

3. 肠道微生物对人类健康有何影响？它们可能在哪些领域有潜在的应用？

# 第6章 林业微生物生态实验技术

林业微生物生态实验是研究森林生态系统中微生物群落结构、功能及其与宿主植物相互作用的重要手段。在林业生产和生态保护领域，微生物不仅参与土壤养分循环、促进植物生长，还在植物病害防治中扮演着关键角色。随着生态学和微生物学研究方法的不断进步，我们对林业微生物生态的认识逐渐深化，这对于森林资源的可持续管理和生态环境的保护具有重要意义。

在林业微生物生态实验中，实验的设计和执行需要综合考虑多种生态因素，如土壤类型、植被结构、气候变化等，这些因素都可能对微生物群落产生影响。因此，精确的实验操作、严格的质量控制和科学的数据分析对于获得可靠结果来说至关重要。同时，实验过程中还需严格遵守生物安全和环境保护的相关规范，确保实验的安全性和对生态系统的最小干扰。

本研究的目的在于通过一系列系统的林业微生物生态实验，认识和了解林业微生物的部分类群，揭示微生物在森林生态系统中的生态功能，为森林生态系统的健康维护和可持续管理提供科学依据。

## 实验 6-1 虫生真菌的分离、鉴定

**实验概述**

能侵入昆虫体内寄生、使昆虫发病致死的真菌称为虫生真菌（或昆虫病原真菌）（entomopathogenic fungus）。常见的虫生真菌有虫霉属（*Entomophthora*）、虫草属（*Cordyceps*）、白僵菌属（*Beauveria*）、绿僵菌属（*Metarhizium*）、拟青霉属（*Paecilomyces*）和棒束孢属（*Isaria*）。从资源角度来看，虫生真菌可作为害虫防治剂、药用真菌、食用真菌和药食两用真菌。

**目的要求**

1. 了解虫生真菌的概念、种类及形态。
2. 学习虫生真菌分离和鉴定的原理。
3. 掌握虫生真菌分离和鉴定的方法。

**实验原理**

虫生真菌的分离培养主要在人工培养基中进行，培养基中含有真菌生长和繁殖所

需的营养成分。一般用 PDA 培养基对虫生真菌进行分离培养。将采集获得的虫生真菌样品接种于 PDA 培养基上，在合适的温度下进行培养，最终孢子经过大量繁殖形成肉眼可见且具有一定颜色、形状和大小的菌丝体，称单菌落。虫生真菌的鉴定主要有形态鉴定和分子鉴定 2 种方法。形态鉴定主要通过观察孢子和产孢结构的颜色、形状、大小等特征来完成。分子鉴定主要将虫生真菌菌丝用于其 DNA 的提取和检测，然后在 NCBI 数据库中进行比对，以相似度大于 97% 的物种作为最终鉴定结果。

## 实验材料

1. 虫生真菌的分离：具体如下。①培养基：PDA 培养基。②仪器及其他用品：超净工作台、高压蒸汽灭菌锅、水浴锅、恒温培养箱、酒精灯、接种针、移液枪、记号笔、无菌水、纱布条、培养皿、$H_2O_2$、镊子、75% 酒精、锥形瓶、1000 mL 烧杯。

2. 虫生真菌的鉴定：具体如下。①形态鉴定：A. 试剂，包括无水酒精和棉蓝染色液；B. 仪器及其他用品，包括镊子、剪刀、记号笔、透明胶带、盖玻片、载玻片、接种针、擦镜纸、恒温培养箱、光学显微镜。②分子鉴定：A. 试剂，包括 BT Chelex 100 Resin、$ddH_2O$；B. 仪器及其他用品，如冰箱、离心机、水浴锅、超净工作台、高压蒸汽灭菌锅、恒温培养箱、无菌棉签或无菌滤纸、酒精灯、记号笔、无菌水、解剖刀、泡沫浮板、移液枪和 1.5 mL 离心管等。

## 实验步骤

1. PDA 培养基的配制：具体如下。①材料：新鲜土豆 200 g，葡萄糖 20 g，琼脂 20 g，蒸馏水。②步骤：将新鲜土豆去皮后称量 200 g，切块，放入加有适量蒸馏水的水浴锅中，待水沸腾后，持续煮半小时后用 2 层纱布过滤，取滤液，加入葡萄糖和琼脂各 20 g，用蒸馏水补足至 1000 mL，搅拌均匀后装进锥形瓶，灭菌后备用。灭菌条件：121 ℃，30 min。

2. 虫生真菌的分离：具体如下。①菌核分离法：实验前先将培养皿、镊子、PDA 培养基、纱布条和蒸馏水灭菌备用。第一步，用干净的纱布去除虫生真菌标本表面的杂物，用流动水缓缓冲洗标本，用 75% 酒精进行表面杀菌；第二步，将菌核（虫体部分）掰断，用接种针挑取少量菌核中部组织，接种到加有青霉素和链霉素的 PDA 培养基上；第三步，将培养皿倒置于 25 ℃ 恒温培养箱中培养 3～5 d。②孢梗束或子座分离法：第一步，将虫生真菌洗净，在超净工作台中取一小段子座，浸入 30% $H_2O_2$ 中消毒灭菌，根据样品的质地来确定杀菌时间，通常肉质子座 2～5 min，革质子座 5～10 min；第二步，用无菌水冲洗消毒后的样品 3～5 次，用无菌棉签或无菌滤纸吸干水分；第三步，用灭菌的解剖刀将子座切割为长约 5 mm 的小段，接种到含有双抗的 PDA 培养基中，切割面接触培养基有利于菌丝萌发；第四步，做好标记，然后将培养皿倒置于 25 ℃ 恒温培养箱中 3～5 d。进行无性型虫生真菌分离时，可直接挑取野生样品的孢子粉，接种至加有抗生素的 PDA 培养基上进行培养。

3. 虫生真菌的鉴定：具体如下。①形态鉴定：包括宏观形态鉴定和微观形态鉴定。

宏观形态鉴定：观察并记录大小、颜色和边缘是否规则等。微观形态鉴定：剪一小段干净的透明胶带，轻轻地粘取菌落边缘处，置于滴有 1 滴棉蓝染色液的载玻片上（建议将胶带粘的一面朝上），再滴 1 滴棉蓝染色液，盖上盖玻片，30 s 后用擦镜纸从盖玻片边缘吸去多余的棉蓝染色液，于显微镜下观察。主要观察并记录孢子和产孢结构的形状、大小和颜色等。②分子鉴定：第一步，配制 10 mL/g 的 BT Chelex 100 Resin 溶液（1 g 药品加 10 mL ddH$_2$O）；第二步，在超净工作台中，取灭菌后的离心管，加入配制好的 10 mL/g BT Chelex 100 Resin 溶液 50 mL；第三步，用接种针挑取微量菌丝到离心管中；第四步，用接种针将菌丝捣碎，置于−20 ℃冰箱冷冻 8～12 h；第五步，将冰箱中的样品取出，夹在泡沫浮板上，放置于 56 ℃的水浴锅中水浴 30 min；第六步，在离心机上将样品以 1200 r/min 离心 1 min 后，吸取上清液（DNA 模板）进行 PCR 扩增，并将扩增产物送往相关生物公司进行 *ITS* 基因序列检测，检测后，在 NCBI 数据库进行比对鉴定。

## 结果分析

请将虫生真菌分离、鉴定结果填入表 6-1。

表 6-1　虫生真菌分离、鉴定结果

| 菌株编号 | 寄主特征 | 真菌菌落特征 | 真菌微观形态特征 | 分子鉴定结果 | 物种名 |
|---|---|---|---|---|---|
|  |  |  |  |  |  |
|  |  |  |  |  |  |
|  |  |  |  |  |  |
|  |  |  |  |  |  |

## 思考题

1. 什么是虫生真菌？它们与其他类型的真菌有何区别？

2. 虫生真菌在农业和环境保护方面有哪些潜在应用？它们如何影响生态系统的平衡？

3. 未来，虫生真菌研究领域存在哪些挑战和机遇？你认为未来该领域的发展方向是什么？

# 实验 6-2　大型真菌的分离、鉴定

## 实验概述

大型真菌是指肉眼可观察到的真菌，有数百万种，通常称为蘑菇，主要包括子囊菌门（Ascomycota）（如块菌、冬虫夏草和羊肚菌等）和担子菌门（Basidiomycota）（如香菇、木耳、金针菇和平菇等）。从资源角度看，大型真菌包括药用型真菌、食用型真菌、食药两用型真菌和毒性型真菌等。

## 目的要求

1. 了解大型真菌的概念、种类及形态。
2. 学习大型真菌分离和鉴定的原理。
3. 掌握大型真菌分离和鉴定的方法。

## 实验原理

大型真菌的分离培养主要在人工培养基中进行，培养基中含有真菌生长和繁殖所需的营养成分，一般用 PDA 培养基对大型真菌进行分离培养。将采集获得的大型真菌样品接种于 PDA 培养基上，在合适的温度下进行培养，最终真菌细胞经过大量繁殖形成肉眼可见且具有一定颜色、形状和大小的菌丝体，称单菌落。大型真菌的鉴定主要有形态鉴定和分子鉴定 2 种方法。形态鉴定主要通过观察子实体和孢子的颜色、形状、大小等特征来完成。分子鉴定主要将子实体用于提取和检测 DNA，然后在 NCBI 数据库中进行比对，以相似度大于 97% 的物种为最终鉴定结果。

## 实验材料

1. 大型真菌的分离：具体如下。①培养基：PDA 培养基。②仪器及其他用品：无菌操作台、高压蒸汽灭菌锅、烘箱、酒精灯、接种针、移液枪、记号笔、无菌水、纱布条、培养皿、镊子、酒精、锥形瓶、1000 mL 烧杯。

2. 大型真菌的鉴定：具体如下。①形态鉴定：试剂包括无水酒精和浮载液；仪器及其他用品包括镊子、剪刀、记号笔、透明胶带、盖玻片、灭菌解剖刀、载玻片、擦镜纸、光学显微镜等。②分子鉴定：试剂包括 4 × CTAB 提取液、苯酚、氯仿、异戊醇、异丙醇、无水酒精、双蒸水。仪器及其他用品包括冰箱、离心机、水浴锅、无菌操作台、高压蒸汽灭菌锅、烘箱、酒精灯、记号笔、无菌水、泡沫浮板、移液枪、1.5 mL 离心管、石英砂和液氮等。

## 实验步骤

1. PDA 培养基的配制：具体如下。①材料：新鲜土豆 200 g，葡萄糖 20 g，琼脂 20 g，1000 mL 蒸馏水。②步骤：将新鲜土豆去皮后称量 200 g，切块，放入加有适量蒸馏水的锅中，待水沸腾后，持续煮半小时后用 2 层纱布过滤，取滤液，然后加入葡萄糖和琼脂各 20 g，用蒸馏水补足至 1000 mL，搅拌均匀后装进锥形瓶，灭菌后备用。灭菌条件：121 ℃，30 min。

2. 大型真菌的分离：实验前先将培养皿、镊子、PDA 培养基、纱布条和蒸馏水灭菌备用。第一步，将 PDA 培养基分装到培养皿中，静置，待培养基凝固；第二步，用无菌纱布蘸取酒精后将新鲜大型真菌标本表面的杂质擦拭干净，然后用无菌水将标本冲洗并擦拭干净；第三步，用解剖刀将标本切开，露出里面的肉质部分，用镊子取一小块标本切口中部的肉质，放置在准备好的加有青霉素和链霉素的 PDA 培养基的表面，做好标记，然后将培养皿倒置于 25 ℃恒温培养箱中 3～5 d。

3. 大型真菌的鉴定：具体如下。①形态鉴定：包括宏观形态和微观形态的观察。宏观形态观察内容：菌盖和菌柄的形状、大小、颜色是否光滑等；菌褶或菌孔的颜色和宽度等；特殊气味、菌环和菌托有无及特征等；菌肉厚度、颜色和是否有汁液或变色等。微观形态观察主要是对孢子和产孢结构进行观察。第一步，用灭菌解剖刀切开菌盖，用薄刀片在菌褶处仔细切取薄片，放在滴有 1 滴浮载液的载玻片上（粘菌一面朝上），然后滴 1 滴浮载液。第二步，盖上玻片，30 s 后用擦镜纸吸掉多余的浮载液，置于显微镜下观察。主要观察并记录孢子和产孢结构的形状、大小和颜色等。②分子鉴定：主要通过改进的 CTAB 法提取 DNA。提前在 65 ℃水浴锅中对 4×CTAB 提取液进行预热；在 −20 ℃冰箱中对异丙醇预冷处理。第一步，取适量大、小样品，置于 1.5 mL 离心管中，加入少量石英砂，放入液氮速冻后，研磨至粉末状。第二步，加入 750 μL 提前预热的 4×CTAB 提取液，摇匀后置于泡沫浮板上，在 65 ℃水浴锅中水浴 2 h（间隔30 min 摇匀 1 次）。第三步，将水浴后的样品取出，待降至室温后加入苯酚、氯仿、异戊醇混合液，混合液体积比为 25∶24∶1，摇晃 3～5 min，擦干液体，置于离心机中，以 12000 r/min 离心 15 min。第四步，用移液枪将上清液吸至新的 1.5 mL 离心管中，再加入氯仿、异戊醇混合液，混合液体积比为 24∶1，摇晃 1～2 min 后，置于离心机中，以 12000 r/min 离心 10 min。第五步，用移液枪将上清液转移至新的 1.5 mL 离心管中，加入体积为 2/3 的预冷异丙醇，混匀后放在 −20 ℃冰箱中静置 12 h 以上，待 DNA 沉降。第六步，将静置的离心管取出，待温度恢复至室温后，在离心机中以 12000 r/min离心 15 min。第七步，弃掉上清液，用 500 μL 70%的无水酒精冲洗 2 次，然后用无水酒精各冲洗 2 次，每次以 12000 r/min 离心 1 min，弃上清液，然后将离心管置于 37 ℃恒温箱中 20 min 左右，等待酒精充分挥发。第八步，待酒精完全挥发且 DNA 干燥后，加入 20～40 μL 双蒸水，溶解 DNA，并进行 PCR 扩增。将扩增产物送往相关生物公司进行 *ITS* 基因序列检测，检测后在 NCBI 数据库中进行比对鉴定。

## 结果分析

请将大型真菌分离、鉴定结果填入表 6-2。

表 6-2 大型真菌分离、鉴定结果

| 标本编号 | 子实体特征 | 菌落特征 | 微观形态特征 | 分子鉴定结果 | 物种名 |
|---|---|---|---|---|---|
|  |  |  |  |  |  |
|  |  |  |  |  |  |
|  |  |  |  |  |  |
|  |  |  |  |  |  |

## 思考题

1. 分离和鉴定大型真菌的方法有哪些？你选择了哪些方法？它们的优、缺点有哪些？

2. 你将如何鉴定分离出的大型真菌？有哪些特定的形态特征、生理特征或分子特征可以用来确定它们的身份？

3. 大型真菌的多样性和生物学特性对其在生态系统中的功能和作用有何影响？请从生物降解、生物防治等方面进行说明。

# 实验 6-3 腐木真菌群落的多样性分析

## 实验概述

腐木真菌是指一类能在树木上生长并侵入木材组织、分解木材的真菌，大多数腐木真菌只能在枯死的树木上进行生长，但也有少数腐木真菌能攻击活树。腐木真菌可借助菌丝或菌丝体在木材内蔓延，菌丝端头能分泌酶，进而分解木材细胞壁组织中的纤维素、半纤维素和木质素，使长链大分子断裂，同时还能将胞腔中的淀粉、糖类等作为养料，使木材组织遭到破坏。

## 目的要求

1. 了解腐木真菌的群落组成及多样性。
2. 学习并掌握腐木真菌群落多样性的分析方法。

## 实验原理

主要采用稀释平板法对腐木真菌群落进行培养，然后进行腐木真菌多样性分析。多样性分析一般用香农指数[Shannon(H′)]和辛普森指数[Simpson(D)]。

Shannon(H′)用于分析比较不同组间种群的多样性水平，其计算公式如下：

$$H' = -\sum Pi)(\ln Pi)$$

式中，$Pi$ 是指某种真菌占全部土壤真菌的百分数，其中指数的值越大，则多样性越高，群落的复杂程度也越高。

Simpson(D)用于评价群落多样性，其值越高，表明群落多样性越高。其计算公式如下：

$$D = 1 - \sum (Pi)^2$$

式中，$Pi$ 表示属于种 $i$ 的个体在全部个体中所占的比例。

## 实验材料

1. 培养基：PDA 培养基(葡萄糖 20 g，琼脂 20 g，新鲜土豆 200 g，蒸馏水 1000 mL)。

2. 仪器及其他用品：超净工作台、10%孟加拉红、玻璃珠、高压蒸汽灭菌锅、恒温培养箱、酒精灯、涡旋振荡器、接种针、离心机、移液枪、泡沫浮板、记号笔、无菌水、无菌培养皿、75%酒精、试管、锥形瓶、1000 mL 烧杯。

## 实验步骤

1. SDA 培养基和 PDA 培养基的配制：具体如下。SDA 培养基：磷酸二氢钾 1 g，七水硫酸镁 0.5 g，蛋白胨 5 g，葡萄糖 10 g，琼脂 20 g，将上述试剂加入 1000 mL 水中，pH 自然，待试剂充分溶解后，加 1%孟加拉红 3.3 mL，搅拌均匀后，分装灭菌。PDA 培养基：新鲜土豆 200 g，葡萄糖 20 g，琼脂 20 g，蒸馏水 1000 mL。将新鲜土豆去皮后，称量 200g，切细丝，放入加有适量蒸馏水的水浴锅中，待水沸腾且持续煮半小时后，用 2 层纱布过滤，取滤液，然后加入葡萄糖和琼脂各 20 g，用蒸馏水补足至 1000 mL，搅拌均匀后装进锥形瓶，灭菌后备用。灭菌条件：121 ℃，30 min。

2. 用稀释平板法分离腐木真菌：第一步，将腐木鲜样进行粉碎处理，然后称取 2 g 腐木粉末，放入装有少量玻璃珠的 20 mL 无菌水锥形瓶中，经涡旋振荡器混匀 10 min；第二步，在无菌操作台中取 1 mL 菌悬液，加入盛有 9 mL 无菌水的试管中，混匀并稀释至 $10^{-1}$；第三步，取 1mL $10^{-1}$ 样品悬液于无菌培养皿中，加入含有青霉素(50 mg/L)与链霉素(50 mg/L)的 SDA 培养基中并混匀(每次处理进行 3 个重复操作)；第四步，将培养皿倒置放在 25 ℃恒温培养箱中进行培养，3～5 d 后，用 PDA 培养基进行分离、纯化，获得纯化菌株，最终将获得的菌株菌丝刮取冻存于 －20 ℃冰箱中。

3. 待测菌株的分子鉴定：第一步，配制 10 mL/g 的 BT Chelex 100 Resin 溶液(1 g 药品加 10 mL ddH₂O)；第二步，在超净工作台中取灭菌后的离心管，加入配制好的试剂 50 μL 的 10 mg/mL BT Chelex 100 Resin 溶液；第三步，用接种针挑取微量菌丝到离心管中；第四步，用接种针将菌丝捣碎，置于 －20 ℃冰箱冷冻 8～12 h；第五步，将冰箱中的样品取出夹在泡沫浮板上，置于 56 ℃水浴锅中水浴 30 min；第六步，在离心机上将样品以 1200 r/min 离心 1 min 后，吸取上清液(DNA 模板)进行 PCR 扩增，并将扩增产物送至相关生物公司进行 ITS 基因序列测序，检测后在 NCBI 数据库中进行比对鉴定。

## 结果分析

请将腐木真菌群落多样性分析的结果填入表 6-3。

表 6-3　腐木真菌群落多样性分析的结果

| 标本编号 | 子实体特征 | 真菌菌落特征 | 真菌微观形态特征 | 分子鉴定结果 | 物种名 | 多样性指数 |
|---|---|---|---|---|---|---|
|  |  |  |  |  |  |  |
|  |  |  |  |  |  |  |
|  |  |  |  |  |  |  |
|  |  |  |  |  |  |  |

## 思考题

1. 采用哪些指标来评估腐木真菌群落的多样性？这些指标有何意义？如何计算和解释它们的结果？

2. 腐木真菌群落多样性研究对于生态系统管理和保护有何实际意义？如何将研究成果用于实践中？

# 实验 6-4　丛枝菌根真菌的分类鉴定

## 实验概述

菌根是植物根系和真菌所建立的一种互惠共生体。根据真菌类型、植物种类及共生体系的特点，可将菌根分为外生菌根（ECM）、丛枝菌根（AM）、兰科菌根（ORM）和杜鹃花类菌根（ERM）四大类。其中，形成丛枝菌根的丛枝菌根真菌（AMF）与植物形成的共生体分布最广泛。AMF 因其在宿主植物根皮层细胞内的"丛枝"结构而得名，其与植物形成的菌根主要包括菌丝体、泡囊和孢子等结构。据报道，AMF 能与 80% 的陆生高等植物形成互惠共生体，是森林生态系统中最重要的微生物类群之一。在促生方面，AMF 通过其菌丝的扩展延伸提高了植物从土壤中吸收养分和水分的能力，从而促进植物生长发育。在抗逆方面，AMF 被报道具有提高植物耐寒、耐旱和耐盐碱的功能。因此，AMF 菌种的分类鉴定是一项重要的基础工作，对于认识和保护 AMF 资源具有重要意义。

## 目的要求

1. 掌握湿筛倾析-蔗糖离心法筛取 AMF 孢子的操作方法。
2. 掌握 AMF 形态鉴定和分子鉴定的主要步骤。

## 实验原理

因为 AMF 与宿主植物严格共生，不能独立完成生活周期，所以难以对其进行纯培养。现阶段，主要通过湿筛倾析-蔗糖离心法从自然环境中获取孢子，并进行形态学观察和分子系统发育分析，以此完成对 AMF 的分类鉴定。早期的 AMF 种类主要是根据独特的形态特征来鉴定的，包括孢子形态、菌丝侵染和连孢菌丝特征等。然而，因为同一种 AMF 孢子形态会依环境条件及宿主植物的不同而存在较大差异，所以给基于形态学的鉴定带来了挑战，并使 AMF 分类系统频繁变动。随着分子生物学技术与真菌系统学的有机融合，为 AMF 分类和系统发育研究带来了革命性的变化。近年来，真菌学家们结合形态学和分子系统学建立了大量的新目、新科、新属和新种，掀开了 AMF 多样性及其起源进化研究的新纪元。

## 实验材料

1. 菌株来源：森林生态系统土壤。

2. 实验试剂：60％蔗糖溶液、蒸馏水、生理盐水、琼脂、电泳液、Green Taq Mix 和 PCR 扩增引物。所需引物包括以下几种。

(1)GeoA2：5'-CCAGTAGTCATATGCTTGTCTC-3'。

(2)Geo11：5'-ACCTTGTTACGACTTTTACTTCC-3'。

(3)AML1：5'-ATCAACTTTCGATGGTAGGATAGA-3'。

(4)AML2：5'-GAACCCAAACACTTTGGTTTCC-3'。

3. 实验器具：1000 mL 烧杯、玻璃棒、土壤筛、盖玻片、载玻片、擦镜纸、记号笔、培养皿、镊子、无菌塑料袋、移液枪、离心管、PCR 管、冷冻离心机、冰箱、光学显微镜、体视显微镜、PCR 仪和电泳仪。

## 实验步骤

1. 采样方法：采集森林生态系统土样。具体采样步骤：避开杂草并去除土壤表面的腐质层，采集距地表 5～20 cm 的根际土，装入无菌塑料袋中，同时，记录采样人员、采样时间、森林类型和采样点植物名称。将土样带回实验室自然风干后，用湿筛倾析-蔗糖离心法筛取孢子。

2. 用湿筛倾析-蔗糖离心法筛取 AMF 孢子：将孔径为 0.9 mm、0.25 mm 和 0.055 mm 的土壤筛依次按孔径大小叠放。大孔径筛在最上层，小孔径筛在最下层。称取 50 g 土样，放至烧杯中，加入自来水浸泡 60 min，并用玻璃棒充分搅拌。将浸泡液静置 5 min 后，倒入最上层的筛子中，并用自来水反复冲洗，直至下层筛子流出的水清澈。冲洗完成后，将最下层的筛子中的筛出物用蒸馏水冲入 50 mL 离心管中，在冷冻离心机中离心（以 3000 r/min 离心 3 min）后弃去上清液。加入 60％蔗糖溶液，盖紧摇匀后再次离心（以 1500 r/min 离心 1 min）。从冷冻离心机中缓慢拿出离心管，将离心管内的上清液倾入 0.055 mm 的土壤筛内，用自来水小心冲去蔗糖。冲洗 3 min 后，用生理盐水将筛内筛出物冲至培养皿中备用。

3. AMF 的形态鉴定：用镊子挑取培养皿中的孢子，置于载玻片上，以蒸馏水作为浮载剂，用光学显微镜对 AMF 孢子的颜色、大小、形状、连孢菌丝形态，以及压破后孢子壁层数、厚度和内含物等特征进行详细观察。参照亚热带 AMF 资源保藏中心资源库、国际球囊霉资源库(BEG)、AMF 国际资源库(INVAM)和球囊霉体外培养资源库(GINCO)对 AMF 进行属、种鉴定。

4. AMF 的分子鉴定：在体视显微镜下挑取单孢子，置于载玻片上并压碎，吸取孢子破碎液，加到 PCR 管中，以破碎液中的 DNA 作为模板。第一轮 PCR 采用 GeoA2 和 Geo11 引物进行扩增。PCR 反应体系为 Green Taq Mix 5 $\mu$L，GeoA2 (10 $\mu$mol/L)和 Geo11(10 $\mu$mol/L)各 0.4 $\mu$L，孢子破碎液 1 $\mu$L，无菌水 3.2 $\mu$L。PCR 反应条件为 94 ℃、3 min；94 ℃、30 s，40 ℃、1 min，72 ℃、2 min，30 次循环；72 ℃、10 min。以稀释 100 倍的第一轮扩增产物为模板，采用 AML1 和 AML2 引物进行第二轮 PCR 扩增。PCR 反应体系为 Green Taq Mix 5 $\mu$L，AML1(10 $\mu$mol/L)和 AML2(10 $\mu$mol/L)各 0.4 $\mu$L，第一轮 PCR 产物(稀释 100 倍)1 $\mu$L，无菌水 3.2 $\mu$L。PCR 反应条件为 94 ℃、3 min；94 ℃、30 s，50 ℃、1 min，72 ℃、1 min，30 次循环；72 ℃、10 min。取第二次 PCR 产物进行琼脂糖凝胶电泳，电泳完成后，在凝胶成像仪系统下检测并拍摄照片。将在凝胶成像系统中能看到清晰明亮条带的 PCR 扩增产物放入−20 ℃的冰箱内保存，直至送相关生物公司测序。运用 Chromas 查看样品峰图基线是否平整，以及有无降解的杂峰、套峰等现象，然后将合格的 DNA 序列提交至 NCBI 数据库的 BLAST 程序比对后下载相似性达 97% 以上的序列，采用 MEGA 软件构建系统发育树，确定 AMF 的属、种名。

## 结果分析

请将丛枝菌根真菌分类鉴定的结果填入表 6-4。

表 6-4 丛枝菌根真菌的分类鉴定

| 样品采集信息 | 采样地点 | 采样日期 | 温、湿度 | 经、纬度 | 海拔 | 森林植被类型 |
|---|---|---|---|---|---|---|
| | | | | | | |
| AMF 的形态观察结果 | 孢子颜色 | 孢子大小 | 孢子形状 | 孢子壁厚度 | 孢子壁层数 | 孢壁表面有无特殊纹饰 |
| | | | | | | |
| | 孢子内含物 | 有无连孢菌丝 | 连孢菌丝颜色 | 连孢菌丝数目 | 连孢菌丝与孢子连接处的特征 | |
| | | | | | | |
| AMF 的分子鉴定结果 | 查看峰图，观察 DNA 序列是否合格 | NCBI 数据库 DNA 序列同源搜索及系统发育树构建确定属、种名 | | | | |
| | | | | | | |

## 思考题

1. 在分类鉴定实验中，为什么需要对丛枝菌根真菌进行鉴定？这对我们的研究和理解有何意义？

2. 丛枝菌根真菌与植物之间的共生关系是怎样的？双方之间是如何进行物质交换的？

# 实验 6-5 地衣内生真菌的分离、鉴定

## 实验概述

地衣（lichen）是真菌和藻类或蓝细菌互惠共生形成的复合体结构，其中的藻类一般为绿藻或蓝藻，共生真菌大多隶属于子囊菌门（Ascomycota），少数为担子菌门（Basidiomycota）。地衣分布极其广泛，能在土壤、岩石、树干和树叶等多种基质上生长。其中，树生地衣作为附生地衣，可细分为树干附生地衣、树叶附生地衣及干朽木附生地衣，它是森林生态系统的重要组成部分，并在保持森林生态系统多样性、促进养分和水分循环、指示环境条件及评价森林群落演替阶段等方面发挥着重要作用。此外，地衣在生长过程中能产生一些独特的化学物质，使其具有不同于其他植物的药用价值。鉴于地衣的生物学特征主要由菌藻共生体中的真菌体现出来，因此，在分类学上将其归类为真菌，地衣的命名也是依其共生菌的类型而进行的。然而，因为地衣为严格的共生体，所以其共生真菌难以纯培养，这迫使相关研究的发展长期缓慢和滞后。除了共生真菌外，还存在地衣内生真菌（endolichenic fungi），它是一大类之前被忽略的真菌类群，但不引起地衣任何明显的病害症状。长期协同进化使得地衣与其内生真菌关系紧密。有研究指出，地衣为内生真菌提供生长所必需的营养物质，而内生真菌产生的次级代谢产物则帮助地衣抵抗外界环境胁迫。更为重要的是，地衣内生真菌作为隐藏在地衣体内的微生物仓库，其发酵产物具有丰富的化学结构多样性，是新颖化合物的重要来源。因此，地衣内生真菌的分离、鉴定是一项重要的基础性工作，为寻找新颖且具有生物活性的天然产物提供了重要的菌株资源。

## 目的要求

1. 了解地衣共生真菌和地衣内生真菌的区别。
2. 掌握地衣内生真菌分离、纯化和菌种保存的基本操作。
3. 掌握地衣内生真菌形态鉴定和分子鉴定的主要步骤。

## 实验原理

地衣内生真菌的分离、纯化是开发利用其菌株资源的基础步骤。通过化学消毒剂去除地衣表面杂菌的干扰，再切割组织块，接种于 PDA 平板培养基上进行地衣内生真

菌分离、纯化，仍是当前最常用的方法。这种传统分离方法具有简单、成熟和易于推广的特点，但同时也存在表面消毒剂浓度和消毒时间难以把握的缺点。对纯化的地衣内生真菌，可以综合形态鉴定（根据菌落形态及分生孢子的大小、颜色和形状等特征）和分子鉴定（根据 ITS 扩增测序序列的系统发育关系）来确定各菌株的分类地位。

## 实验材料

1. 地衣样品来源：森林生态系统树生地衣。

2. 实验试剂：马铃薯、葡萄糖、琼脂、75％酒精、3％NaClO 溶液、无菌水、真菌基因组 DNA 提取试剂盒、电泳液、Master Mix 和 PCR 扩增引物。所需引物包括以下几种。

(1)ITS1：5'‐TCCGTAGGTGAACCTGCGG‐3'。

(2)ITS4：5'‐TCCTCCGCTTATTGATATGC‐3'。

3. 实验器具：记号笔、纸质采样袋、盖玻片、水浴锅、无菌吸水纸、酒精灯、载玻片、透明胶带、擦镜纸、手术刀、镊子、接种针、培养皿、玻璃试管、移液枪、枪头、离心管、PCR 管、研磨珠、细胞破碎仪、高压蒸汽灭菌锅、超净工作台、恒温培养箱、显微解剖镜、光学显微镜、PCR 仪和电泳仪。

## 实验步骤

1. 地衣样品的采集：采集健康、生长良好的地衣样品，放入纸质标本袋中，及时注明采集信息并带回实验室于 4 ℃冰箱内保存，直至开始进行内生真菌的分离、鉴定。

2. 培养基的配制：地衣内生真菌分离、纯化和保种的培养基都为 PDA 培养基。其具体配方为，将新鲜土豆去皮后称量 200 g，切成小块，放入加有适量蒸馏水的水浴锅中，待水沸腾后，持续煮半小时，用 2 层纱布过滤，取滤液。在滤液中加葡萄糖 20 g，琼脂 20 g，用水补足至 1000 mL，pH 自然。加热至试剂充分溶解后，分装灭菌备用。灭菌条件为 121 ℃，30 min。

3. 地衣内生真菌的分离、纯化及菌种保存：将手术刀、镊子、接种针、酒精灯、无菌吸水纸、无菌水、75％酒精、3％NaClO 溶液、PDA 平板培养基、PDA 斜面培养基、移液枪和无菌枪头置于超净工作台中备用，使用前开启紫外灯照射消毒 10 min。在显微解剖镜下小心去除地衣背面附着的植物组织、土壤或石砾等杂质。将地衣样本用自来水洗净正面和反面的杂物后，置于超净工作台中，依次用 75％酒精浸泡消毒 3 min、无菌水冲洗 3 次、3％NaClO 溶液浸泡消毒 3 min 及无菌水冲洗 5 次。将消毒好的地衣样品置于无菌吸水纸上，用经酒精灯灼烧灭菌并冷却后的手术刀切成 1 cm² 大小的组织块。使用镊子将地衣组织块接种至 PDA 平板培养基上，每个平板接种 3～5 个菌丝块，每个地衣体接种 3 个平板。同时，使用移液枪取 0.2 mL 最后一次无菌水冲洗液，涂布于 PDA 平板培养基上，作为消毒程度的对照。将接种后的 PDA 平板培养基倒置于 25 ℃恒温培养箱中培养 3～4 d。根据顶端纯化法，待地衣组织块周围长出菌丝时，将其转接至新 PDA 平板培养基上，多次纯化，直到得到单一、稳定的菌落。将纯菌株转接到 PDA 斜面培养基上，于 25 ℃恒温培养箱中培养 4 d。将无杂菌试管置于

4 ℃的冰箱内保存备用，各菌株接种至少 3 管。

4. 地衣内生真菌菌株的形态鉴定：将分离菌株点种于 PDA 平板培养基上，在 25 ℃恒温培养箱内培养 7 d、14 d 或 21 d，测量菌落直径，记录菌落特征，再用透明胶带于近菌落边缘部分粘贴制片，于光学显微镜下观察产孢结构，并测量、记录分生孢子的形状、大小及分生孢子梗等重要显微镜特征，参照《半知菌图谱》(*Illustrated Genera of Imperfect Fungi*)及相关文献进行形态鉴定。

5. 地衣内生真菌菌株的分子鉴定：刮取培养于 PDA 培养基上的菌丝和孢子，加研磨珠于细胞破碎仪研磨后，按照真菌基因组 DNA 提取试剂盒流程进行 DNA 的提取。PCR 扩增所用引物为 ITS1 和 ITS4。反应体系(25 $\mu$L)：无菌水 8.5 $\mu$L，模板 2 $\mu$L，引物 ITS1 和 ITS4 均为 1 $\mu$L，Master Mix 为 12.5 $\mu$L。PCR 反应条件为 94 ℃ DNA 预变性 5 min，1 个循环，94 ℃ DNA 变性 1 min，50 ℃引物退火 1 min，72 ℃延伸 1 min，然后进入 35 个循环，最后以 72 ℃延伸 10 min。取扩增后的 PCR 产物进行琼脂糖凝胶电泳，电泳完成后，在凝胶成像仪系统下检测并拍摄照片。将在凝胶成像系统中能看到清晰明亮条带的 PCR 产物放入 －20 ℃冰箱内保存，直至送相关生物公司测序。运用 Chromas 查看样品峰图基线是否平整，以及有无降解的杂峰、套峰等现象，然后将合格的 DNA 序列提交至 NCBI 数据库的 BLAST 软件比对后，下载相似性达 97% 以上的序列，采用 MEGA 软件构建系统发育树，确定地衣内生真菌的属、种名。

## 结果分析

请将地衣内生真菌分离、鉴定的结果填入表 6-5。

表 6-5 地衣内生真菌分离、鉴定的结果

| 样品采集信息 | 采样地点 | 采样日期 | 温、湿度 | 经、纬度 | 海拔 | 地衣着生基质 |
|---|---|---|---|---|---|---|
| 地衣内生真菌形态观察结果 菌株号：____ | 菌落大小 | 菌落颜色 | 菌落形状 | 菌落边缘是否规则 | | 菌落有无特殊气味产生 |
| | 孢子颜色 | 孢子大小 | 孢子形状 | 孢子壁厚度 | 孢子壁层数 | 孢壁表面有无特殊纹饰 |
| | 孢子内含物 | 菌丝宽度 | 菌丝分枝 | 菌丝有无分隔 | | 菌丝与孢子连接处的特征 |
| 地衣内生真菌分子鉴定结果 菌株号：____ | 峰图观察 DNA 序列是否合格 | | NCBI 数据库 DNA 序列同源搜索及系统发育树构建确定属、种名 | | | |
| 地衣内生真菌菌株信息汇总 | 菌株号 | A | B | C | D | E | ... |
| | 属、种名 | | | | | | |

## 思考题

1. 地衣内生真菌的鉴定通常基于哪些特征？在实验中，你是如何观察和记录这些特征的？

2. 与丛枝菌根真菌相比，地衣内生真菌的生态角色有何异同？它们在生态系统中扮演着怎样的角色？

3. 地衣内生真菌分离当前面临的挑战和困难有哪些？

# 实验 6-6 林下凋落物中木质素降解真菌的筛选

## 实验概述

林下凋落物分解后向土壤释放的养分元素是林木维持自身生长所需养分的主要来源之一，与森林生态系统的养分循环及林地生产力关系密切。木质素被普遍认为是林下凋落物组成成分中相对难以分解的组分，其含量的多寡显著影响着凋落物的分解过程。林下凋落物中木质素降解周期长及降解效率不高的问题严重限制了森林养分元素的循环，更严重的是随着林下凋落物载量不断增加，已造成了严重的森林火灾隐患。有研究指出，在自然界中，木质素完全降解需要真菌、细菌和其他微生物群落共同作用，其中真菌发挥着主要作用。真菌通过分泌胞外木质素降解酶（主要包括漆酶、木质素过氧化物酶及锰过氧化物酶）并在氧分子的共同作用下完成对木质素的降解。目前，对木质素降解真菌的研究主要集中在白腐菌类，对其他种属真菌的研究相对较少，菌种资源库亟待扩充。林下凋落物是木质素降解菌的天然资源库，具备挖掘高效木质素降解菌的巨大潜力。因此，从林下凋落物真菌群落中有望成功筛选出新型木质素降解资源，为未来木质素的降解、转化提供菌种储备。

## 目的要求

1. 了解真菌参与木质素降解的主要方式。
2. 掌握愈创木酚培养基和苯胺蓝培养基筛选木质素降解真菌的原理和主要步骤。

## 实验原理

木质素降解真菌筛选的一种简便且有效方法为定性法，即利用愈创木酚棕红色氧化圈的形成及苯胺蓝染料的脱色来评估菌株是否具有分泌胞外木质素降解酶的能力。愈创木酚棕红色氧化圈的形成可以定性测定菌株漆酶的产生，苯胺蓝染料的脱色可以定性检测木质素过氧化物酶及锰过氧化物酶的产生。将待筛选的真菌菌株分别接种至 PDA - 愈创木酚平板培养基和 PDA - 苯胺蓝平板培养基中，以 28 ℃ 恒温培养，观察并记录愈创木酚培养基产生棕红色氧化圈的时间及苯胺蓝培养基的脱色时间。同时，使用直尺测量有明显显色圈或褪色圈产生菌株的菌落圈直径($R$)与显色圈/褪色圈直径($r$)。通过计算菌落圈直径与显色圈/褪色圈直径的比值($R/r$)，可确定菌株对木质素的降解潜力。$R/r$ 值越小，说明单位菌株可能产生的酶的作用能力越强。

## 实验材料

1. 实验试剂：马铃薯、葡萄糖、琼脂、$KH_2PO_4$、$MgSO_4 \cdot 7H_2O$、蛋白胨、1％孟加拉红、1％链霉素、青霉素、维生素 $B_1$、愈创木酚、苯胺蓝、无菌水、真菌基因组 DNA 提取试剂盒、电泳液、Master Mix 和 PCR 扩增引物。所需引物包括以下几种。

（1）ITS1：5'－TCCGTAGGTGAACCTGCGG－3'。

（2）ITS4：5'－TCCTCCGCTTATTGATATGC－3'。

2. 实验器具：记号笔、250 mL 锥形瓶、直尺、盖玻片、酒精灯、载玻片、透明胶带、擦镜纸、镊子、接种针、培养皿、玻璃试管、打孔器、移液枪、枪头、离心管、PCR 管、研磨珠、细胞破碎仪、高压蒸汽灭菌锅、超净工作台、恒温培养箱、无菌打孔器、摇床、光学显微镜、PCR 仪和电泳仪。

## 实验步骤

1. 培养基的配制：①马丁氏培养基，其配制方法为称取 $KH_2PO_4$ 1 g，$MgSO_4 \cdot 7H_2O$ 0.5 g，蛋白胨 5 g，葡萄糖 10 g，琼脂 18 g 溶于 1000 mL 水中，pH 自然，待试剂充分溶解后加 1％孟加拉红 3.3 mL，搅拌均匀后分装灭菌，备用。使用时，待温度冷却至 45 ℃左右后，向每 100 mL 培养基中加 1％链霉素和青霉素 0.3 mL。②改良 PDA 培养基，其配制方法为称取葡萄糖 20 g，琼脂 20 g，$KH_2PO_4$ 3 g，$MgSO_4 \cdot 7H_2O$ 1.5 g，维生素 $B_1$ 0.01 g，置于 1000 mL 马铃薯浸提液中（取去皮马铃薯 200 g，切成小块，加水 1000 mL，煮沸 30 min，滤去马铃薯块，用蒸馏水将滤液补足至 1000 mL）。③PDA -愈创木酚培养基，其配制方法为于 PDA 培养基中加入 0.02％(0.2 mL/L)的愈创木酚。④PDA -苯胺蓝培养基，其配制方法为于 PDA 培养基中加入 0.1 g/L 的苯胺蓝。所有培养基的灭菌条件一致，均为 121 ℃高压蒸汽灭菌 30 min。

2. 菌株的富集纯培养：取 1 g 林下凋落物，置于盛有 99 mL 无菌水的 250 mL 锥形瓶中，在摇床中振荡 30 min。振荡条件为 28 ℃，180 r/min。使凋落物样品分散成均匀的悬液，悬液浓度为 $10^{-2}$ g/mL。取 1 mL 悬液，进行梯度稀释，分别得到浓度为 $10^{-3}$ g/mL、$10^{-4}$ g/mL、$10^{-5}$ g/mL、$10^{-6}$ g/mL 的稀释液。取各浓度稀释液 1 mL，于马丁氏平板培养基上进行涂布后，置于 28 ℃恒温培养箱中培养 3 d。根据菌落的形态指标（包括颜色、大小、边缘规整程度、表面纹饰）挑取不同的菌落，用接种针接种至 PDA 平板培养基中进行纯化，直到得到单一、稳定的菌落。将纯菌株转接到 PDA 斜面培养基上，于 28 ℃恒温培养箱中培养 4 d。将无杂菌的试管置于 4 ℃冰箱中保存，备用，对各菌株接种至少 3 管。

3. 产漆酶的木质素降解真菌的筛选：将已经分离、纯化并于冰箱中保存的菌株从斜面培养基上挑出，转接到 PDA 平板培养基上活化。在 28 ℃恒温培养箱中培养 7 d 后，用直径 10 mm 的无菌打孔器在菌落边缘制取菌饼，以每个平板 1 块菌饼的接种量接种于 PDA-愈创木酚平板培养基中央。对每个菌株进行 3 个重复操作，在 28 ℃恒温培养箱中培养 7 d。培养期间需每天观察菌丝生长情况并记录平板上有无棕红色显色圈产生。有棕红色显色圈者记为"＋"，反之记为"－"。依据显色圈直径的增大情况，分别用"＋""＋＋""＋＋＋"表示。在第 7 天用直尺测量有明显显色圈产生的菌株的菌落圈直径（$R$）及显色圈直径（$r$）。通过计算菌落圈直径与显色圈直径的比值（$R/r$），可确定菌株对木质素的降解潜力。$R/r$ 值越小，说明单位菌株可能产生的酶的作用能力越强。

4. 产过氧化物酶类木质素降解真菌的筛选：愈创木酚可以定性测定具有漆酶活力的菌株，但不能反映过氧化物酶类的产生情况。将活化的菌种以菌饼接种到 PDA-苯胺蓝平板培养基上，对每个菌株进行 3 个重复操作，以 28 ℃避光培养 7 d。每天观察脱色圈的有无及大小，定性检测木质素过氧化物酶及锰过氧化物酶的产生与否。有褪色圈者记为"＋"，反之记为"－"。依据褪色圈直径的增大情况，分别用"＋""＋＋""＋＋＋"表示。在第 7 天用直尺测量有明显褪色圈产生的菌株的菌落圈直径（$R$）及褪色圈直径（$r$）。通过计算菌落圈直径与褪色圈直径的比值（$R/r$），可确定菌株对木质素的降解潜力。$R/r$ 值越小，说明单位菌株可能产生的酶的作用能力越强。

5. 木质素降解菌的分类鉴定：从具有木质素降解能力的真菌菌株中选择一株单位时间内显色圈直径和褪色圈直径最大的菌株，进行分类地位鉴定。将分离菌株点种于 PDA 平板培养基上，在 25 ℃恒温培养箱中培养 7 d、14 d 或 21 d，测量菌落直径，记录菌落特征，再用透明胶带于近菌落边缘部分粘贴制片，于光学显微镜下观察产孢结构，并测量、记录分生孢子的形状、大小及分生孢子梗等重要显微镜特征。参照《半知菌图谱》（*Illustrated Genera of Imperfect Fungi*）及相关文献进行形态鉴定。此外，刮取培养于 PDA 培养基上的菌丝和孢子，加研磨珠于细胞破碎仪研磨后，按照真菌基因组 DNA 提取试剂盒流程进行 DNA 的提取。PCR 所用引物为 ITS1 和 ITS4。反应体系（25 μL）：无菌水 8.5 μL，模板 2 μL，引物 ITS1 和 ITS4 均为 1 μL，Master Mix 为 12.5 μL。PCR 反应条件为 94 ℃ DNA 预变性 5 min，1 个循环，94 ℃ DNA 变性 1 min，50 ℃引物退火 1 min，72 ℃延伸 1 min，然后进入 35 个循环，最后以 72 ℃延伸 10 min。取扩增后的 PCR 产物进行琼脂糖凝胶电泳，电泳完成后，在凝胶成像仪系统下检测并拍摄照片。将在凝胶成像系统中能看到清晰明亮条带的 PCR 扩增产物放入－20 ℃的冰箱中保存，直至送到相关生物公司测序。运用 Chromas 查看样品峰图基线是否平整，以及有无降解的杂峰、套峰等现象，然后将合格的 DNA 序列提交至 NCBI 数据库的 BLAST 软件比对后，下载相似性达 97％以上的序列，采用 MEGA 软件构建系统发育树，确定木质素降解功能菌株的属、种名。

## 结果分析

请将林下凋落物中木质素降解真菌的筛选结果填入表6-6。

表6-6 林下凋落物中木质素降解真菌的筛选结果

| 样品采集信息 | 采样地点 | 采样日期 | 温、湿度 | 经、纬度 | 海拔 | 林下凋落物主要植被 |
|---|---|---|---|---|---|---|
| | | | | | | |

| 愈创木酚培养基显示实验结果记录 | 菌株编号 | 愈创木酚显示时间（d） | | | | | | | 菌落直径（R） | 显色圈直径（r） | R/r |
|---|---|---|---|---|---|---|---|---|---|---|---|
| | | 1 | 2 | 3 | 4 | 5 | 6 | 7 | | | |
| | No.1 | | | | | | | | | | |
| | No.2 | | | | | | | | | | |
| | No.3 | | | | | | | | | | |

| 苯胺蓝培养基褪色实验结果记录 | 菌株编号 | 苯胺蓝褪色时间（d） | | | | | | | 菌落直径（R） | 褪色圈直径（r） | R/r |
|---|---|---|---|---|---|---|---|---|---|---|---|
| | | 1 | 2 | 3 | 4 | 5 | 6 | 7 | | | |
| | No.1 | | | | | | | | | | |
| | No.2 | | | | | | | | | | |
| | No.3 | | | | | | | | | | |

| 高效木质素降解菌株分类地位确定 | 产漆酶的木质素降解真菌 | | 产过氧化物酶类木质素降解真菌 | |
|---|---|---|---|---|
| | 菌株形态特征 | 系统发育地位 | 菌株形态特征 | 系统发育地位 |
| | | | | |

## 思考题

1. 除了实验中使用的筛选方法，你知道还有哪些方法可以用来鉴定木质素降解真菌吗？它们各有何优、缺点？

2. 木质素在生态系统中的作用是什么？为什么木质素对于生态系统的稳定和健康具有重要意义？

# 第7章　微生物生态学的分子生态学方法

微生物分子生态学是一个新兴的跨学科领域，它结合了微生物学、生态学、分子生物学和生物信息学等多个学科的研究方法和理论，旨在探究微生物在自然环境中的分布、多样性、功能及其与环境因子之间的相互作用。随着分子生物学技术的飞速发展，特别是高通量测序技术的应用，微生物分子生态学正逐渐成为研究微生物生态的重要工具，为我们理解微生物在地球生态系统中的作用提供了新的视角。

在微生物分子生态学的研究中，我们可以通过分子标记、基因组学、转录组学、蛋白质组学等技术手段，对微生物群落的结构和功能进行深入分析。这些技术使得我们能够在不依赖于传统的培养方法的情况下，直接从环境样本中获取微生物的遗传信息，极大地拓展了我们对微生物多样性和生态功能的认识。

本章的目标是利用分子生态学的技术和方法，探究特定环境中微生物群落的组成、动态变化及其环境适应机制。通过分析微生物群落的遗传多样性和功能基因组成，有助于揭示微生物对环境变化的响应模式，理解微生物在生态系统物质循环和能量流动中的关键作用。此外，本章还将尝试探索微生物-环境相互作用的分子机制，为生态系统的监测、评估和管理提供科学依据。

## 实验 7-1　微生物菌株 DNA 的提取与 PCR 扩增

实验概述

微生物是一类非常微小且多样化的生物体，它们存在于各种环境（如土壤和水体等）中。DNA 是生物细胞中主要的生物大分子之一，携带有 RNA 和蛋白质合成所必需的遗传信息，由脱氧核糖核苷酸组成，是生物体生长、发育和机体正常运转必不可少的组成部分。在真核细胞中，DNA 以染色体的形式存在于细胞核内，而在细菌细胞中，DNA 以拟核形式存在。DNA 提取技术在微生物检测中扮演着重要的角色，也是其中的首要步骤，以此为后续分子生物学分析提供一定的基础。DNA 提取应用较为广泛，如物种识别、病原微生物的检测和诊断、环境监测、生态研究、基因工程及生物技术等方面，在未来发展中，随着技术的进步与创新，DNA 提取方法将可能在效率和准确性上得到进一步的提高。

PCR 是一种在分子生物学领域常用的技术，它能够扩增特定的 DNA 片段，从而让我们能够在实验中更方便地研究和应用。PCR 扩增是进行 DNA 测序的重要前提和步骤。在测序之前，需要获取足够量的 DNA 模板，这时 PCR 扩增可以快速而有效地复制目标 DNA 片段。通过 PCR 扩增得到的 DNA 产物可以用于测序仪的下游分析，进一步了解 DNA 的碱基序列，并且可以通过选择合适的引物来扩增特定的 DNA 序列，辅以特异性检测方法（如凝胶电泳、荧光探针等），可以快速、灵敏地检测和诊断目标 DNA 的存在与否，例如，在病原微生物的检测中，如果目标微生物 DNA 存在，则 PCR 扩增会产生特定的产物，从而可以判断样品中是否存在病原体。

## 目的要求

1. 了解微生物菌株 DNA 提取、PCR 扩增的原理。

2. 熟练掌握微生物菌株 DNA 提取和 PCR 扩增的实验操作步骤。

## 实验原理

DNA 的提取过程可大致分为裂解与纯化两个步骤。裂解过程可通过常规的裂解液完成。裂解液可分为以下两大类：①去污剂，例如 SDS、Triton X-100、NP-40、Tween 20 等；②盐类，如 Tris、EDTA、NaCl 等。纯化过程主要用于去除体系中的蛋白质、盐及其他杂质，为后续的 PCR 扩增提供优质的 DNA 样本。

PCR 是一种重要的分子生物学技术，其原理类似于 DNA 的复制过程。PCR 技术依赖于 DNA 模板、引物、DNA 聚合酶和脱氧核糖核苷酸的参与，可在短时间内将 DNA 片段进行复制和扩增，使其数量呈指数级增长。PCR 技术过程可分为以下三个步骤。①DNA 变性：将 DNA 模板加热至 94 ℃左右，使得 DNA 分子发生变性反应，由双链结构解聚为 DNA 单链结构。②低温退火：DNA 变性为单链结构后，将温度降至 55 ℃左右，使得引物与单链 DNA 模板进行碱基互补配对结合。③引物延伸：引物与 DNA 分子结合后，在 DNA 聚合酶的作用下，以 4 种 dNTP 为原料，按碱基互补配对原则沿模板链的 5'—3'合成 1 条互补 DNA 链。变性—退火—延伸为一个循环过程，将该循环过程重复 25～35 次，即可获得扩增后的目的 DNA 基因。

## 实验材料

1. 主要仪器：移液枪、离心机、水浴锅、制冰机、低温冰箱、PCR 仪。

2. 主要试剂：具体如下。

(1)DNA 提取：真菌和细菌有所不同。①真菌：无菌生理盐水、20 mmol/L EDTA、PVP(固体)、SDS 提取缓冲液、20% SDS(pH 值为 7.2)、5 mol/L KAC、苯酚、氯仿、异戊醇、异丙醇、酒精、10 mg/mL DNase-free RNase、TE 缓冲液。②细菌：裂解液、5 mol/L NaCl、苯酚、氯仿、无水酒精、70%酒精、TE 缓冲液。

(2)PCR 扩增：10×PCR buffer、$MgCl_2$、dNTPs、Taq DNA 酶、正向引物、反向引物、DNA 模板、$ddH_2O$、10×Taq 缓冲液($Mg^{2+}$)。

1. 真菌 DNA 的提取：具体如下。

(1)菌丝体收集：若菌株培养在液体培养基中，菌丝收集则采用真空抽滤法，将菌丝体与培养基分离开来。将收集的菌丝体用无菌生理盐水、20 mmol/L EDTA、无菌生理盐水依次洗涤 1 次，然后置于无菌滤纸上，在滤纸下铺硅胶，风干菌丝，即可获得干净的菌丝体。若是在固体培养基中，则直接收集生长在培养基表面的生长菌丝体即可。

(2)DNA 提取：①挑取少量菌丝放入研钵中，加适量液氮，使菌丝冷冻，再加入固体形式的 PVP(占菌丝量的 2%)，迅速研磨成粉末；②将粉末及时转入 50 mL 离心管中，接着加入 10 mL SDS 提取缓冲液，将其旋转混匀；③加入 1 mL 20% SDS，混匀，在 65 ℃的水浴锅中保温 45 min，间接性摇晃混匀；④加入 5 mL 5 mol/L KAC，混匀后冰浴 30 min，放入离心机，以 10000 r/min、4 ℃离心 10 min；⑤取上清液，加入等体积的苯酚∶氯仿∶异戊醇(25∶24∶1)，混匀，以 10000 r/min、4 ℃离心 10 min；⑥取水相，准确加入 0.6 倍体积的预冷的异丙醇，混匀，置于冰上 10 min，以 7000 r/min、4 ℃离心 10 min，沉淀，用 70%酒精洗涤，离心后，溶于无菌双蒸水中；⑦加入 30 μL DNase-free RNase(10 mg/mL)，在 37 ℃条件下温育 30 min；异丙醇沉淀 DNA，用 70%酒精洗涤，略风干，溶于 TE 缓冲液中，并在 -20 ℃冰箱中保存备用。

2. 细菌 DNA 提取：①取 1.5 mL 菌液至离心管中，以 12000 r/min、4 ℃离心 30 s，弃去上清液，将试管倒置于吸水纸上吸干；②加入 400 μL 裂解液，可用移液枪枪头反复抽吸，以辅助裂解，然后置入 37 ℃的水浴锅中水浴 30 min；③加入 132 μL 的 5 mol/L NaCl 溶液，颠倒试管，充分混匀后，以 13000 r/min 离心 15 min，用移液枪将上清液小心转移到新的离心管中；④加入等体积的饱和苯酚、氯仿，充分混匀后，以 12000 r/min 离心 3 min，离心后水层若浑浊，则说明仍含有蛋白质，须将上清液转入新的试管中，重复上述步骤，直到水层清澈透明。与苯酚层之间不再有白色丝状沉淀物；⑤将上清液转入新的离心管中，加等体积氯仿，混匀，以 13000 r/min 离心 3 min，去除苯酚；⑥小心吸出上清液至新的离心管内，用遇冷的 2 倍体积的无水酒精沉淀，放置于 -20 ℃冰箱中 30 min，然后以 13000 r/min 离心 15 min，生成白色丝状沉淀物；⑦吸出液体，弃置上清液，使用预冷的 400 μL 70%酒精洗涤 2 次，置于室温条件下干燥后，溶于 TE 缓冲液中，于 -20 ℃冰箱中保存备用。

3.PCR 扩增：具体如下。

(1)引物设计见表 7-1。

表 7 - 1　PCR 扩增通用引物设计

| 类别 | 名称 | 序列 |
|------|------|------|
| 真菌 | ITS1 | 5'- TCCGTAGGTGAACCTGCGG - 3' |
|      | ITS4 | 5'- TCCTCCGCTTATTGATAT GC - 3' |
| 细菌<br>(16S rDNA) | 27F | 5'- AGAGTTTGATCCTGGCTCAG - 3' |
|      | 519R | 5'- GWATTA CCG CGGCKGCTG - 3' |
|      | 357F | 5'- CTCCTACGGGAGGCAGCA G - 3' |
|      | 1115R | 5'- AGGGTTGCGCTCGTTGC - 3' |
|      | 926F | 5'- AAACTYAAAKGAATTGACGG - 3' |
|      | 1492R | 5'- TACGACTTAACCCCAATCGC - 3' |

注: 其中 Y＝C : T, K＝G : T, S＝G : C, W＝A : T, 均为 1 : 1。

(2)PCR 反应体系见表 7 - 2。

表 7 - 2　PCR 反应体系

| 试剂 | 体系使用量 | | | |
|------|------|------|------|------|
|      | 浓度 | 真菌(50 uL) | 浓度 | 细菌(25 uL) |
| 10 × PCR buffer | — | 5 $\mu$L | — | — |
| 氯化镁 | 25 mmol /L | 4 $\mu$L | — | — |
| dNTPs | 2.5 mmol /L | 4 $\mu$L | 2.5 mmol /L | 2 $\mu$L |
| Taq DNA 酶 | 5 U/uL | 0.5 $\mu$L | 5 U/$\mu$L | 0.2 $\mu$L |
| 正向引物 | 10 mmol /L | 2 $\mu$L | 1 $\mu$mol/L | 5 $\mu$L |
| 反向引物 | 10 mmol /L | 2 $\mu$L | 1 $\mu$mol/L | 5 $\mu$L |
| DNA 模板 | — | 4 $\mu$L | — | 2 $\mu$L(10~100 ng) |
| ddH$_2$O | — | 28.5 $\mu$L | — | 8.3 $\mu$L |
| 10×Taq 缓冲液(Mg$^+$) | — | — | — | 2.5 $\mu$L |

(3)PCR 反应条件见表 7 - 3。

表 7 - 3　PCR 条件设置

| 温度 | 时间 | | | |
|------|------|------|------|------|
|      | 真菌 | | 细菌 | |
| 94 ℃ | 5 min | | 10 min | |
| 94 ℃ | 1 min | | 30 s | |
| 55 ℃ | 1 min | 38 个循环 | 30 s | 30 个循环 |
| 72 ℃ | 1.5 min | | 45 s | |
| 72 ℃ | 10 min | | 5 min | |

结果 分 析

简述微生物菌株 DNA 提取和 PCR 扩增的主要原理。

思 考 题

1. 实验中使用的微生物菌株 DNA 的提取方法有哪些步骤？每个步骤的原理是什么？你认为哪个步骤是最关键的？

2. PCR 扩增引物的设计依据是什么？

3. PCR 扩增技术是如何实现对微生物菌株 DNA 的特定片段的扩增的？PCR 反应涉及的主要组分有哪些？它们各自的作用是什么？

# 实验 7−2　*16S rRNA/ITS* 基因序列鉴定微生物菌株的分类地位

实验 概 述

微生物的分类方法与鉴定主要包括经典分类与现代分类两大类。经典分类方法主要包括形态学、生理学、生物化学和生态学方法。但随着科技的发展，利用现代方法中的分子生物学、生物芯片技术和基于计算机的分类与鉴定方法等，能够更为精确、有效地完成微生物的分类与鉴定。

细菌核糖体 RNA（rRNA）有 3 种类型，即 5S rRNA（120bp）、16S rRNA（约 1540bp）和 23S rRNA（约 2900bp）。*5S rRNA* 基因的序列较短，包含的遗传信息较少，不适用于细菌种类的分析鉴定；*23S rRNA* 基因的序列太长，且其碱基的突变率较高，不适用于鉴定亲缘关系较远的细菌种类；*16S rRNA* 基因普遍存在于原核细胞中，且含量较高、拷贝数较多，占细菌总 RNA 的 80% 以上，便于获取模板，功能同源性高，遗传信息量适中，适于作为细菌多样性分析的标准。*16S rRNA* 和 *ITS* 基因序列是鉴定微生物菌株的分类地位的常用分子标记。

*ITS* 基因序列是内源转录间隔区，位于真菌 *18S rRNA*、*5.8S rRNA* 和 *28S rRNA* 基因之间，分别为 *ITS1* 和 *ITS2* 基因。在真菌中，*5.8S rRNA*、*18S rRNA* 和 *28S rRNA* 基因具有较高的保守性，而 *ITS* 基因由于承受较小的自然选择压力，在进化过程中能够容忍更多的变异，在绝大多数真核生物中表现出极为广泛的序列多态性。同时，ITS 的保守性表现为种内相对一致、种间差异较明显，能够反映出种属间，甚至菌株间的差异，并且 *ITS* 基因序列片段较小（*ITS1* 基因和 *ITS2* 基因长度分别为 350 bp 和 400 bp），易于分析，目前已广泛用于真菌不同种、属的系统发育分析。

## 目的要求

了解并掌握微生物菌株的分类、鉴定原理和操作过程。

## 实验原理

16S rRNA 和 ITS 基因序列是常用的鉴定微生物菌株的分类地位的分子标记。16S rRNA 基因是细菌和古菌中高度保守的基因，其序列不同，微生物之间有所差异，可以用于确定微生物的分类关系。通过测定微生物的 16S rRNA 基因序列，可以将微生物粗略分类至种级别或属级别，并进行进一步分类。ITS 基因是真核微生物的一种常用标记，位于真核微生物基因组 DNA 中，ITS 基因序列变异度相对较高，具有更好的区分度。通过测定微生物的 ITS 基因序列，可以进一步确定微生物的物种分类地位，特别适用于鉴别真菌和原生生物等。

利用 16S rRNA 和 ITS 基因序列进行微生物分类的步骤通常包括提取微生物的总 DNA、选择目标基因进行 PCR 扩增、测定扩增产物的序列、与数据库进行比对和分析、确定物种分类地位。

## 实验材料

某种细菌和真菌 DNA 的提取与 PCR 的主要仪器与试剂参照实验 7 - 1。

## 实验步骤

1. DNA 的提取参照实验 7 - 1。
2. PCR 扩增引物见表 7 - 4，体系与条件参照实验 7 - 1。

表 7 - 4  扩增引物

| 类别 | 名称 | 引物序列 |
|------|------|---------|
| 16S rRNA | 27F | 5' - AGAGTTTGATCCTGGCTCAG - 3' |
| | 1492R | 5' - TACGACTTAACCCCAATCGC - 3' |
| ITS | ITS1 | 5' - TCCGTAGGTGAACCTGCGC - 3' |
| | ITS1 - F | 5' - CTTGGTCATTTTAGAGGAAGTAA - 3' |
| | ITS1 - R | 5'-( TA) TGGT( CT)( AGT)( TC)( TC) TAGAGGAAGTAA - 3' |
| | ITS5 | 5' - GGAAGGTAAAAGTCAAGG - 3' |
| | ITS4 | 5' - TCCTCCGCTTATTGATATGC - 3' |
| | ITS4 - B | 5' - CAGGAGACTTGTACACGGTCCAG - 3' |
| | ITS4 - R | 5' - CAGACTT( GA) TA( CT) ATGGTCCAG - 3' |

3. 基因测序：将 PCR 扩增产物送至相关生物公司测序。

4. 基因序列比对：可利用 NCBI 数据库的 BLAST 软件进行基因序列比对，操作步骤如下。

（1）打开 NCBI 数据库，点击右侧的"BLAST"，选择"Nucleotide BLAST"，进入比对页面。

（2）在"Blastn"选项粘贴待比对的序列。

（3）点击"BLAST"进行序列比对（需要一定时间，页面隔几秒刷新 1 次）。即可获得输出 1 条与其相似性最高的物种信息，并得到基因序列之间的相似比。

5. 由比对结果确定样品中的物种归属：选取比对结果中相似性最高的前 10 位的物种分类信息，然后构建系统发育树，最后得出样本与某种物种的相似性最高。

## 结果分析

依据构建的系统发育树，初步确定待鉴定细菌和真菌的分类地位。

## 思考题

1. 16S rRNA 和 ITS 基因序列在微生物分类中的作用是什么？它们分别因为具有哪些特点而使其成为分类鉴定的理想标志物？

2. 16S rRNA 或 ITS 基因序列鉴定的准确性如何？在确定微生物的分类地位时，你还可以采取哪些补充性的鉴定方法或考虑因素？

3. 在实验中，是否发现了与已知分类地位不符的微生物菌株？出现这种情况可能的原因是什么？如何进一步确认其分类地位？

# 实验 7-3　荧光定量 PCR 法检测环境中特定微生物类群的丰度

## 实验概述

微生物类群的丰度是指在给定环境中特定微生物类群（如细菌、真菌、病毒等）的数量或丰富程度。通常用计数单元（如 DNA 拷贝数或菌落形成单位）来表示微生物类群的丰度。

环境中微生物类群的丰度对于环境的功能和稳定性具有重要作用。微生物参与了各种生态过程，包括物质循环、土壤肥力维持、植物健康状况、水体污染处理等。因此，了解环境中微生物类群的丰度可以帮助我们理解环境系统的生态功能，预测生态系统的响应和健康状态。

微生物类群丰度的应用主要有以下几个方面。

1. 生态学研究：微生物类群丰度可以用于评估生态系统的结构和功能，了解不同环境条件对微生物群落的影响，例如，可以用于研究微生物在生态系统中的组成和多样性变化，以及它们对资源利用、能量转化和物质循环的贡献。

2. 环境监测：微生物类群丰度可以作为环境污染的生物指示物。通过监测微生物的丰度变化，可以追踪环境污染源、评估环境质量和污染程度，例如，可将水体中大肠杆菌的丰度作为水质卫生状况的指标。

3. 农业和园艺应用：了解土壤中微生物类群的丰度可以指导农业和园艺管理，例如，评估土壤微生物的丰度能够预测土壤健康状况、评估土壤肥力，从而帮助选择合适的农业实践、改善土壤质量。

4. 疾病诊断和预防：微生物类群的丰度可以与疾病的发生和发展相关联，例如，在人体微生物中检测特定细菌的数量，可以帮助早期诊断和治疗某些疾病，如感染性疾病或肠道相关疾病。

## 目的要求

1. 掌握荧光定量 PCR 法的原理与方法。
2. 掌握微生物丰度的检测方法。

## 实验原理

荧光定量 PCR（qPCR）是一种基于聚合酶链式反应（PCR）的技术，用于定量测量目标 DNA 序列在样品中的丰度。其原理主要包括 PCR 扩增、荧光探针、信号检测及标准曲线和数据分析。

PCR 扩增：qPCR 的第一步是将目标 DNA 序列进行扩增。通过加热使 DNA 双链解开为 2 条单链，并加入特定的引物（primer）和 DNA 聚合酶。引物的选择是针对目标序列设计的短 DNA 片段，它们能够识别和结合到目标 DNA 序列的两端。在 PCR 反应中，引物会定向地结合到目标 DNA 序列的起始点，并在适当温度下使其延伸，形成新的 DNA 链，这个过程称为扩增循环，重复多次，可扩增产生大量的目标 DNA 序列。

荧光探针：在 qPCR 中，除了引物，还加入了荧光探针来定量测量 PCR 的进程。荧光探针是一种双标记的寡核苷酸探针，包括 1 个引物部分、1 个荧光染料和 1 个荧光信号抑制剂（quencher）。当探针与目标 DNA 序列结合时，引物会定向地与目标序列配对，DNA 聚合酶即可延伸探针。在延伸过程中，荧光染料与 quencher 从彼此之间分离，导致荧光信号的发出。

荧光信号检测：qPCR 仪器会进行连续的循环，在每个循环结束时，检测荧光信号的强度。通过荧光信号的检测，可以确定 PCR 扩增的进行情况及目标 DNA 序列的丰度。一般会设定一个阈值，当荧光信号超过该阈值时，被视为阳性信号，表示相应的 PCR 反应已经进行到特定阶段或达到特定浓度。

标准曲线和数据分析：为了定量测量目标 DNA 序列的丰度，通常需要建立一个标准曲线。标准曲线是通过已知浓度的目标 DNA 模板制备，并在 qPCR 实验中进行扩增。通过比较未知样品的荧光信号与标准曲线上的信号，可以推断出未知样品中目标 DNA 序列的丰度。

## 实验材料

1. 主要仪器：分光光度仪、荧光定量 PCR 仪。

2. 主要试剂：1% 琼脂糖凝胶、SYBR Select Master Mix（Applied Biosystem，Foster City，CA，United States）、正向引物、反向引物、DNA 模板、ddH₂O、小型质粒试剂盒。

## 实验步骤

1. 样品采集：根据研究目的，在环境中选择合适的采样点和方法，收集代表性样品，例如，可以采集土壤、水体、空气等。

2. DNA 提取：从采集的样品中提取目标环境类群的 DNA。可以使用商业化的 DNA 提取试剂盒，根据厂家提供的说明书进行操作。细菌和真菌的提取方法可参照实验 7-1。

3. DNA 纯度和浓度检测：分别通过 1% 琼脂糖凝胶和分光光度法检测 DNA 的纯度和浓度。

4. PCR 定量扩增：使用实时荧光定量 PCR 测定法对细菌和真菌 DNA 的拷贝数进行定量分析，所用引物见表 7-5，反应体系见表 7-6，扩增条件见表 7-7。

表 7-5 扩增引物

| 类别 | 名称 | 引物序列 |
|---|---|---|
| 真菌 | 338F | 5′ - ACTCCTACGGGAGGCAGCAG - 3′ |
| | 518R | 5′ - ATTACCGCGGCTGCTGG - 3′ |
| 细菌 | ITS1 | 5′ - TCCGTAGGTGAACCTGCGG - 3′ |
| | 5.8S | 5′ - CGCTGCGTTCTTCATCG - 3′ |

表 7-6 PCR 反应体系

| 试剂 | 使用量 |
|---|---|
| SYBR Select Master Mix | 10 μL |
| 正向引物 | 1 μL |
| 反向引物 | 1 μL |
| DNA 模板 | 1 μL |
| ddH₂O | 7 μL |

表 7-7 PCR 条件设置

| 温度 | 时间 | |
|---|---|---|
| 95 ℃ | 10 min | |
| 95 ℃ | 15 s | 40 次循环 |
| 60 ℃ | 1 min | 40 次循环 |

5. 实时 PCR 测定的标准品如其他地方所述制备：将提取的 DNA 与引物一起进行 PCR 扩增，对细菌的特异性 *16S rRNA* 基因和真菌的特异性 *ITS* 基因进行 PCR 扩增。将 PCR 产物克隆到 T 载体中。使用小型质粒试剂盒从每个靶基因的正确插入克隆中提取用作定量分析标准品的质粒。在分光光度仪上测定质粒 DNA 的浓度，并直接根据提取的质粒 DNA 的浓度计算靶基因的拷贝数。对质粒 DNA 的每个已知拷贝数进行 10 倍的连续稀释，一式三份进行实时 PCR 测定，以生成外部标准曲线。

6. DNA 的定量：将待测样品按照上述条件进行定量 PCR 扩增，根据建立的标准曲线进行定量，并评价其丰度。

**思考题**

1. 荧光定量 PCR 法相比传统 PCR 有哪些优势？它是如何实现对特定微生物类群丰度的定量检测的？

2. 如何构建定量 PCR 的标准曲线以进行定量分析？标准曲线的斜率、截距和相关系数对定量结果有何影响？

## 实验 7-4　环境总 DNA 的提取

**实验概述**

环境微生物 DNA 提取是应用分子生物学技术研究微生物群落的基础，环境总 DNA（eDNA）是指可以从环境样品（如水、土壤、空气等）中直接提取到的 DNA 片段的总和，是来自微生物、动物、植物等不同物种 DNA 的混合物，既包含生物体经由皮肤、尿液、粪便、黏液等释放到表皮细胞中的胞内 DNA，也包括细胞死亡后裂解释放到的胞外 DNA。

**目的要求**

1. 掌握环境样品 DNA 的采集方法。
2. 掌握土壤环境和水体环境 DNA 的提取方法。

**实验原理**

1. 细胞破裂：需要使在环境样品中存在的微生物细胞（如细菌、真菌、古菌等）破裂，以释放细胞内的 DNA。这通常可以通过机械破碎、化学处理或利用特定的缓冲液和试剂来完成。

2. DNA 结构的保护：由于 DNA 具有丝状结构，其分子链容易在各种条件下发生断裂和降解。为了保护 DNA 的完整性，可以使用缓冲液和试剂，如乙二胺四乙酸（EDTA）和蛋白酶 K，以防止或减少 DNA 的降解。

3. 蛋白质的去除：环境样品中存在大量的蛋白质，如果不去除它们，则会干扰后续的 DNA 提取和测定。因此，在提取 DNA 之前，经常采用蛋白酶或表面活性剂等方法去除蛋白质，使 DNA 能够更易于从混合物中分离。

4. DNA 的分离：微生物细胞一旦破裂，并且蛋白质被去除，就可以将 DNA 从其他细胞组分和杂质中分离出来。这可以通过不同的方法实现，如苯酚/氯仿提取法、DNA 提取试剂盒提取法等。

5. DNA 的纯化：提取得到的 DNA 通常带有杂质，如蛋白质、RNA、酶和化学物质等。为了清除这些杂质，可以使用各种方法，如酒精沉淀、硅胶柱层析纯化、磁珠萃取等，从而获得纯净的 DNA。

## 实验步骤

1. 环境 DNA 样本的采集：DNA 样本的采集通常源于水体、土壤和粪便等。从溪流、河水和海水中采集水样，一般样本量为 1～2 L，水样的采集通常采用滤膜法或沉淀法。

(1)滤膜法：通过该法过滤大量的水收集 DNA，以增加可溶性 DNA 的收集量。收集时，先应用直径为 47 mm、孔径为 0.45 μm 的硝酸纤维素无菌滤膜对水进行一次性过滤，然后将滤膜放置在无菌的 2 mL 小瓶中，加入无水酒精，保存于 -20 ℃ 条件下备用。

(2)沉淀法：通常用于以物种监测为目的 eDNA 水样采集。首先，用 GPS 对预设好的环境生物样本采集地进行定位，在不同地点 3 次取样，以提高水样中的物种覆盖度，增加物种检测概率，用塑料量筒量取 15 mL 的水样，并加入 1.5 mL 的 3 mol/L 醋酸钠和 33.5 mL 的无水酒精于 50 mL 的无菌离心管中，置于 -20 ℃ 的冰箱内保存，以备实验室对 eDNA 进行提取和分析。醋酸钠有保护 DNA 的作用，可使样品在室温下保持稳定几个小时甚至几天。采取水样的过程中，实验人员应始终佩戴一次性无菌手套，每采样 1 次，应及时更换手套。因为季节、温度变化及地理位置对 eDNA 浓度具有一定程度的影响，所以应记录取样地点的生物环境特征，如采样的时间、天气、GPS 定位的经纬度、生境的主要外貌及水流状况等。对于从土壤中采集的 DNA 样本来说，因为研究区域的生物分布具有异质性，所以应随机或有规律地采集来自不同深度的土样，每个取样地点应该至少收集 2 份样品，每份样品应将取样地点不同深度的土样混合。

2. 土壤环境 DNA 的提取：具体如下。

(1)实验样品：已经准备好的土样。

(2)仪器和防护装备：超净工作台、离心机等，全程在超净工作台中工作，实验服和手套应配套齐全。

(3)实验步骤：①取 2 g 样品，置于 50 mL 离心管中，加入 5 mL 2×CTAB 抽屉缓冲液；②放入液氮中速冻 30 s，立即取出，在 65 ℃ 的水浴锅中水浴 30 s，如此反复 3 次；③加入 1/3 体积的玻璃珠，高速振荡 3 min；④置于 65 ℃ 的水浴锅中水浴 20 min，每隔 10 min 轻轻摇匀 1 次；⑤加入等体积的苯酚：氯仿：异戊醇(25：24：1)，轻轻颠倒混匀 2~3 min，以 12000 r/min、低温（4 ℃）离心 10 min，将上清液轻轻转移至新的 50 mL 离心管中；⑥向上清液中加入等体积的异丙醇，轻轻混匀，在室温中放置 1 h；⑦以 12000 r/min、低温（4 ℃）离心 15 min，弃去上清液后，倒置于卫生纸上；⑧加入 300~500 μL 70% 酒精洗涤，盖紧盖子，轻轻转动离心管，以 12000 r/min 离心 3 min；⑨吸干酒精，以 37 ℃烘干；⑩加入 200~300 μL TE，所得溶液即为 DNA 粗提液。

3. 水体 DNA 的提取：具体如下。

（1）实验样品：已经准备好的实验样品。

（2）仪器与防护装备：超净工作台、离心机等，全程在超净工作台中工作，实验服和手套应配套齐全。

（3）实验试剂：①STET 缓冲液，包含 8% 蔗糖、50 mmol/L Tris（pH 值为 8）、50 mmol/L EDTA，0.1% Tween-20；②50 mg/mL 溶菌酶、蛋白酶 K；③10% SDS、5 mol/L 氯化钠、5% 十六烷基三乙基溴化铵（CTAB）。

（4）实验步骤：①取 200 mL 样品，经 0.22 μm 的微孔滤膜过滤，将滤膜及过滤物在无菌条件下剪成 1~2 mm 的碎屑，放入 Eppendorf 管中，加 STET 缓冲液至满管，离心 5 min；②小心去除上清液，向沉淀物中加入 1 mL STET 缓冲液洗涤，以 10000 r/min 离心 2 min 收集沉淀物；③用 200 μL STET 缓冲液重悬沉淀物，将 4 μL 50 mg/mL 的溶菌酶加到悬液中，在 37 ℃条件下放置 5 min，然后置入 94 ℃的水浴锅中水浴保温 2 min；④加入 10 μL SDS，至终浓度为 0.5%，加入蛋白酶 K，至终浓度为 100 μg/mL（1 μL、20 mg/mL），混合后置入 37 ℃的水浴锅中水浴保温 1 h；⑤加入 20 μL NaCl 溶液至终浓度为 0.5 mol/L，充分混匀，再加入 25 μL 5% CTAB，混合并置入 65 ℃的水浴锅中水浴保温 10 min；⑥加入等体积（260 μL，具体视情况而定）的饱和苯酚混匀，以 12000 rpm/min 离心 5 min，将上清液转入另一洁净的 1.5 mL Eppendorf 管中；⑦加入等体积苯酚/氯仿（V/V），混匀，以 12000 rpm/min 离心 5 min，将上清液转移至另一洁净的 1.5 mL Eppendorf 管中；⑧加入 0.6 倍异丙醇混匀，在 4 ℃或 −20 ℃条件下放置（沉淀）1 h 或过夜；以 12000 r/min 离心 20 min，小心吸出或者倒出异丙醇；⑨用 500 μL 70% 冷酒精洗涤沉淀，以 12000 r/min 离心 5 min，收集沉淀物；小心吸出或者倒出酒精，然后在吸水纸上倒置，使残余酒精流尽，在空气中干燥 10~15 min，以便表面酒精挥发，注意不要使沉淀物完全干燥，加入 30 μL 无菌 ddH$_2$O，用微量移液器吹吸，混合至 DNA 充分溶解；⑩将 DNA 溶液存放于 −20 ℃环境中，不可使用自动除霜冰箱，以避免 DNA 反复冻融。

## 结果分析

不同环境 DNA 的提取和检测情况。

## 思考题

1. 有哪些方法或指标可以用来评估提取的 DNA 的质量和纯度？

2. 提取的环境总 DNA 可用于哪些后续实验或分析？

## 实验 7-5 水体中微生物群落的结构与多样性分析

### 实验概述

微生物群落是指在特定环境中存在的各种微生物的总体，是一个复杂的生态系统，包括细菌、真菌、病毒等各种微生物，它们在整个生态系统中扮演着重要的角色。微生物之间相互作用、竞争、合作，并与环境因子相互影响，其组成和多样性对于生态系统的稳定性和功能至关重要，并且对环境的污染及疾病的发生都有着重要的影响。微生物群落的结构和多样性受到许多因素的影响，包括环境条件（如温度、湿度、pH等）、营养资源的可利用性、人类活动及微生物之间的相互关系等。这些环境因子既可以直接影响某些物种的生长，也可以改变微生物的相互作用关系，进而驱动群落结构的改变。不同环境中的微生物群落具有独有的特征和功能，例如，某些微生物可以分解有机废物、帮助植物营养吸收、提供免疫保护等。通过研究微生物群落的结构和多样性，可以更好地了解微生物的生态功能、生态位分布、生态适应性及它们对环境的响应和适应能力。常用的实验方法包括高通量测序技术，如 16S rDNA 基因测序和宏基因组测序，用于分析微生物群落的遗传信息。通过测序可以获得大量的微生物 DNA 或 RNA 序列，然后使用生物信息学工具对这些序列进行分类、比对和聚类，从而确定微生物的分类单位和相对丰度。此外，还可利用传统的培养方法来获取与微生物相关的信息。通过在特定培养基上培养环境样品中的微生物，可以获得纯培养物，进而进行系统学鉴定和功能分析。

### 目的要求

1. 揭示水体中微生物群落的结构和多样性。
2. 了解微生物在生态系统中的功能和重要性。

### 实验原理

通过 PCR 扩增目标 DNA 片段，将扩增的 DNA 片段纯化，接着进行测序。首先将模板 DNA（质粒、基因组 DNA 或 mRNA 反转录产生的 cDNA）在临近沸点的温度下加热分离成单链 DNA 分子，然后 DNA 聚合酶在 1 对引物（一小段单链 DNA）的引导下以单链 DNA 为模板并利用反应混合物中的 4 种脱氧核苷三磷酸（dNTP）合成新的 DNA 互补链。

1.16S rDNA 的提取：具体如下。

（1）实验仪器：高速冷冻离心机、恒温冰箱、移液器、水平电泳槽、紫外/荧光观测仪。

（2）实验步骤：①取 1.5 mL 水体样本于灭菌 EP 管中，以 12000 r/min 离心 1 min，弃去上清液，收集菌体；②加入 400 μL 裂解液（40 mmol/L Tris-醋酸、20 mmol/L 醋酸钠、1 mmol/L EDTA、1% SDS，pH 值为 7.8），混匀，置于 37 ℃ 的水浴锅中水浴

1 h；③加入 200 μL 5 mol/L 的 NaCl 溶液，混匀后，以 13000 r/min 离心 15 min；④取上清液，用苯酚抽提 2 次，用氯仿抽提 1 次；⑤加 2 倍体积的无水酒精、1/10 体积的 KAC(3M，pH 值为 8)，在 −20 ℃ 条件下保存 1 h 后，以 13000 r/min 离心 15 min，弃去上清液，对沉淀物用 70% 酒精洗涤 2 次，置于室温条件下干燥后，溶于 50 μLTE 溶液中，置于 4 ℃ 条件下保存备用。

2.16S rDNA 片段的 PCR 扩增：具体如下。

(1)PCR 扩增 16S rDNA 序列：以细菌基因组总 DNA 为模板，扩增所用引物为 27 F (5' − GAGAGTTTGATCCTGGCTCAG − 3')、1492R (5' − GGYTACCTTGT-TACGACTT − 3')。

(2)PCR 体系(50 μL 体系)：见表 7−8。

表 7−8 PCR 扩增体系

| 反应组分 | 加入量 |
|---|---|
| 模板(DNA) | 1 μL |
| 氯化镁(25 mmol/L) | 4 μL |
| 10×缓冲液(Mg²⁺ free) | 5 μL |
| dNTP(10 mmol/L) | 4 μL |
| 上游引物(10 μmol/L) | 1 μL |
| 下游引物(10 μmol/L) | 1 μL |
| Taq 酶(5 U/μL) | 0.5 μL |
| H₂O | 33.5 μL |

注：加 Taq 酶时要放在冰上操作。

(3)反应条件：以 94 ℃ 预变性 5 min，94 ℃、30 s，55 ℃、30 s，72 ℃、1 min，进行 30 个循环；72 ℃、10 min，在 4 ℃ 条件下保温。

(4)对 PCR 产物用 1% 琼脂糖凝胶电泳检测，用 EB 染色，看是否有 1.5 kb 的片段。

(5)测序：PCR 原液要求浓度 50 mg/μL 以上、体积 25～50 μL。

3. 16S rDNA 基因测序分析：见图 7−1。

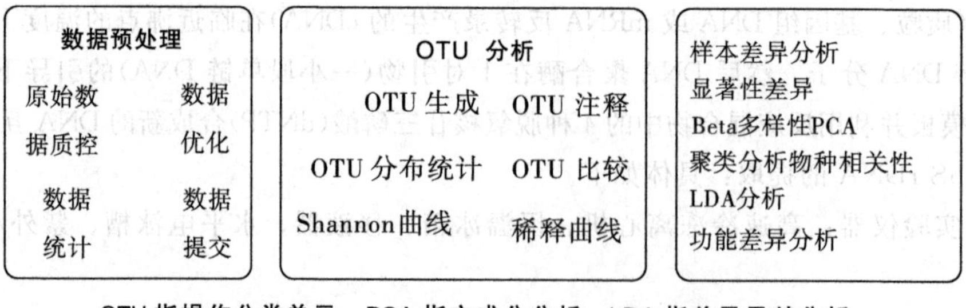

| 数据预处理 | OTU 分析 | 样本差异分析 |
|---|---|---|
| 原始数 数据 据质控 优化 数据 数据 统计 提交 | OTU 生成 OTU 注释 OTU 分布统计 OTU 比较 Shannon曲线 稀释曲线 | 显著性差异 Beta多样性PCA 聚类分析物种相关性 LDA分析 功能差异分析 |

OTU 指操作分类单元；PCA 指主成分分析；LDA 指差异贡献分析。

图 7−1 16S rDNA 基因测序分析

## 结果分析

分析水体中微生物群落的组成和结构。

## 思考题

1. 分子生物学技术可以在哪些方面给环境保护带来新的发展和应用？

2. 在不同环境的微生物群落的特征和组成都有差异的情况下，如何进行微生物多样性的研究？

# 实验 7-6　活性污泥中微生物群落的组成与多样性分析

## 实验概述

利用微生物进行环境工程中的污染治理具有效果好和运行费用低等特点。微生物在污水处理中扮演着关键角色。实验可以通过收集污水样品，并利用分子生物学技术（如 16S rRNA 基因测序）分析微生物群落的结构和多样性。这有助于了解微生物参与的污水降解过程和优势菌群的变化，以优化污水处理系统的运行效率。

活性污泥法是一种常用的生物处理污水的方法，主要通过水中的微生物对有机物质进行降解和去除。活性污泥法处理污水的实验通常包括以下步骤和技术。

1. 污水采集：收集待处理的污水样品，可以从污水处理厂获得真实的污水样品，或者使用模拟污水来进行实验。

2. 活性污泥的培养：准备活性污泥，采集具有良好处理效果的活性污泥样品，将其移入批次反应器或连续流动的反应器中，以培养适应于污水处理的活性污泥菌群。

3. 反应器设计：根据实验需求，设计合适的实验反应器，如批次反应器或连续流动的活性污泥工艺反应器中。确保反应器具有适当的混合、曝气和沉淀功能，以提供良好的生物环境。

4. 实验操作：向反应器中加入污水样品，并设置适宜的温度、pH 和氧气供应条件，在污水中加入适当的营养物质，如氮、磷等，以促进活性污泥的生长和代谢。通过搅拌或通气等方式将污水与活性污泥充分混合，以提供充足的接触和反应条件。活性污泥中的微生物将有机物质降解为 $CO_2$、$H_2O$ 和其他无害产物。经过一段时间的反应，活性污泥会沉淀下来，清水上升，形成澄清液。通过沉淀、过滤等处理方式，去除澄清液中的悬浮物和残留的污染物。经过处理后的污水被排放出来，可以达到一定的环保标准。

## 目的要求

1. 通过分析细菌和古菌等微生物在环境样品中的 16S rRNA 基因序列，来了解微生物群落的结构和多样性。

2. 可用于研究各种环境样品中的微生物组成，包括土壤、水体、肠道、皮肤等。

## 实验原理

1. DNA 提取：首先，从环境样品中提取总 DNA。这包括使用适当的提取试剂盒或方法，通过机械破碎和化学处理等方式使微生物细胞破裂并释放 DNA。

2. *16S rRNA* 基因扩增：使用引物对提取的总 DNA 进行 PCR 扩增，以扩增 *16S rRNA* 基因片段。常用的引物对包括 V3 - V4 或 V4 区域的引物，用于选择扩增适中长度的片段。

3. 文库构建：将扩增得到的 *16S rRNA* 基因片段进行文库构建，即将其连接到适当的 DNA 文库构建试剂盒中，并进行片段的纯化和寡核苷酸修饰。

4. 测序：将构建好的文库进行高通量测序，常见的技术有 Illumina MiSeq 和 Illumina HiSeq 等。通过测序过程中的碱基配对信号，可以获得大量的 *16S rRNA* 基因片段的序列数据。

5. 数据分析：通过生物信息学方法对测序得到的 *16S rRNA* 基因序列数据进行分析。对序列进行质量控制，去除嵌合体序列和低质量序列，然后采用比对、聚类、分类等算法将序列与数据库中的参考序列进行比对和分类。

## 实验材料

活性污泥样品、DNA 提取试剂盒、PCR 扩增引物、DNA 文库建构试剂盒等。

## 实验步骤

1. DNA 提取：根据所使用的提取试剂盒的说明书，从环境样品中提取总 DNA。

2. *16S rRNA* 基因扩增：使用 PCR 方法将从总 DNA 中提取的样本 DNA 扩增成 *16S rRNA* 基因片段。选择适当的引物和 PCR 条件，以扩增目标区域。

3. PCR 纯化：对扩增得到的 *16S rRNA* 基因片段进行纯化，去除引物和杂质。

4. DNA 浓度测定：使用分光光度计或荧光探针法测定纯化得到的 DNA 片段的浓度。

5. 文库构建：将纯化得到的 *16S rRNA* 基因片段连接到 DNA 文库构建试剂盒中的合适位置，并进行文库构建的其他步骤(如寡核苷酸修饰等)。

6. 文库浓度测定：使用分光光度计或荧光探针法测定构建好的 DNA 文库的浓度。

7. 测序：将构建好的 DNA 文库送到高通量测序平台进行 *16S rRNA* 基因测序。

8. 数据分析：利用生物信息学软件对测序得到的 *16S rRNA* 基因序列数据进行质量控制、序列比对、聚类、分类等分析步骤。

9. 结果解读：通过分析结果了解微生物群落的组成、多样性和相对丰度，并推断其在环境中的分布情况。

## 结果分析

分析活性污泥中微生物群落的组成和多样性。

## 思考题

1. 结合微生物的特点，分析微生物在环境保护和环境治理中的作用。
2. 微生物群落在环境中的应用有哪些？

# 第8章 环境因子对微生物群落结构与多样性的影响分析

环境因子对微生物群落结构和多样性的影响是微生物生态学研究中的核心议题之一。微生物作为地球生态系统中不可或缺的组成部分，其群落结构与多样性不仅直接关系到生态系统的功能和稳定性，而且对人类生活和生产活动产生着深远的影响。因此，深入理解环境因子如何塑造微生物群落，对于预测生态系统变化、维护生态平衡及开发利用微生物资源具有重要意义。

在自然环境中，温度、pH、湿度、光照、营养物质等环境因子共同作用于微生物群落，影响其生长、繁殖和代谢活动。例如，温度的变化会影响微生物的代谢速率和生长周期，进而改变群落的动态平衡；pH 的变化则会影响微生物的生存环境，导致某些微生物种类的增加或减少；营养物质的可用性则直接决定了微生物群落的生物量与多样性。此外，人类活动产生的污染物、全球气候变化等因素也会对微生物群落产生显著影响。

以下实验旨在通过选取不同环境因子，研究其对微生物群落结构和多样性的影响，进而探讨微生物群落对环境变化的响应机制和适应策略。

## 实验 8–1 碳源对土壤可培养真菌群落组成与多样性的影响分析

### 实验概述

微生物的生长和繁殖离不开对环境中各种营养成分的摄取，其中碳源是用于构成微生物细胞和代谢产物中碳素来源的重要营养物质之一。土壤是陆地生态系统中最大的碳库，其微生物与碳的研究一直是学术界关注的焦点。林地凋落物腐殖土壤作为陆地生态系统中的不可或缺的组成部分，在陆地碳循环中起着重要作用。土壤微生物数量大、种类多，被称为地下有机质的"活性库"，能够进行能量流动、植物生产力和气候调节。真菌在陆地生态系统中发挥着重要作用。在分解动物和植物的残留物后，微生物能够促进森林土壤中的碳循环，为植物提供矿物质营养，并减轻其他土壤生物的碳限制。目前的研究主要集中于微生物如何利用碳源，而外源添加碳源对于林地腐殖土壤可培养真菌的影响研究相对较少。本实验将针对外源添加不同类型的碳源对林地腐殖土壤可培养真菌的影响进行探索。

## 目的要求

1. 熟悉可培养真菌分离的基本操作方法。
2. 掌握 IF 和 α 多样性的计算方法。

## 实验原理

不同微生物分解利用碳源的能力有很大差异，有的能分解利用，有的不能分解利用。能分解利用者，就能在其中生长繁殖，不同类型的真菌都有自己的偏好。基于此，本实验将探索在不同碳源的培养基上真菌的差异。该实验采用分离与镜检计数，使用不同碳源的培养基，再用显微镜做形态特征（如菌落的形态、气味、颜色和形状等特征）的进一步观察。

## 实验材料

1. 试剂：具体如下。

（1）样品：新鲜森林凋落物腐殖土壤。

（2）不同碳源的真菌培养基：PDA 培养基为广泛培养真菌的标准培养基之一，本实验将葡萄糖改成其他类型的糖，使其成为不同碳源的真菌培养基。其他碳源有蔗糖、乳糖、羧甲基纤维素等。

1）A 培养基（葡萄糖）：马铃薯 200 g，葡萄糖 20 g，琼脂 15～20 g，蒸馏水 1000 mL。

2）B 培养基（蔗糖）：马铃薯 200 g，蔗糖 20 g，琼脂 15～20 g，蒸馏水 1000 mL。

3）C 培养基（乳糖）：马铃薯 200 g，乳糖 20 g，琼脂 15～20 g，蒸馏水 1000 mL。

4）D 培养基（羧甲基纤维素）：马铃薯 200 g，羧甲基纤维素 20 g，琼脂 15～20 g，蒸馏水 1000 mL。

（3）无菌水：带有玻璃珠且装有 20 mL 无菌水的锥形瓶、装有 9 mL 无菌水的试管。

2. 主要仪器及设备：培养皿、移液枪、涂布棒、高压蒸汽灭菌锅、超净工作台、电子天平、振荡器、恒温培养箱。

## 实验步骤

1. 森林腐殖土壤稀释液的制备：①从采样地点采集新鲜土样，立即送回实验室进行后续实验；②将采集的样品进行浓度梯度稀释，称取 2 g 土样，加入装有 20 mL 无菌水的锥形瓶中，振荡 10 min，即为稀释成 $10^{-1}$ 的土壤悬液；③另取装有 9 mL 无菌水的试管 3 支，用记号笔编上 $10^{-2}$、$10^{-3}$、$10^{-4}$，取已稀释成 $10^{-1}$ 的土壤悬液，振荡后静止 0.5 min，用无菌吸管吸取 1 mL 土壤悬液，加用无菌吸管吸取 1 mL 土壤悬液，加入 $10^{-2}$ 的无菌水试管中，并在试管内吹吸数次，使之充分混匀，即成 $10^{-2}$ 土壤稀释液。用相同方法一次连续稀释，制成 $10^{-3}$ 和 $10^{-4}$ 的土壤稀释液。

2. 不同碳源的真菌培养基的配制：具体如下。①称重：按照实验材料中给出的不同碳源的真菌培养基中不同药品的重量，根据自己所需平板培养基数量，准确称取一定量的药品。②溶解：加入一定比例的水溶解，煮沸至透明，然后分装至锥形瓶中。③灭菌：将锥形瓶封好口，然后放入高压蒸汽灭菌锅中，在 121 ℃条件下、30 min 条件下在进行灭菌。④倾注平板培养基：灭菌完成后，向其中加入 1‰双抗（青霉素和氯霉素），然后在超净工作台中倾注平板培养基，待平板培养基凝固后，将其倒置在超净工作台上待用。所有操作均在无菌条件下进行。

3. 涂布、培养：用移液枪吸取 0.2 mL 的 $10^{-4}$ 浓度的菌液，将之涂布到不同碳源的真菌培养基中，每种碳源培养基各涂布 6 个，静置 5~10 min，使菌液浸入培养基中，倒置平板培养基，所有的操作过程必须在超净工作台中进行，然后将平板培养基置于 37 ℃的恒温培养箱中培养 48 h，对培养基中的菌落进行观察（观察内容包括大小、形状和颜色）、镜检并计数。

4. 分离、纯化：将观察大致一样的菌落初步归为一类，将单菌落转接到平板培养基上进行纯化，最后再通过形态观察或分子手段更为准确地对菌进行合并分类和计数。

5. 统计分析：具体如下。

（1）IF：

$$IF = \frac{某一属真菌的菌株数}{分离获得的真菌总菌株数} \times 100\%$$

（2）Shannon - Weiner 指数（H）：

$$H = -\sum_{i=1}^{n}(Pi \ln Pi)$$

式中，$Pi$ 为某种真菌占总真菌的百分率，其中指数值大小与多样性高低呈正相关。

（3）Simpson 多样性指数（D）：

$$D = 1 - \sum_{i=1}^{s} Pi^2$$

式中，$S$ 为物种总数，$Pi$ 为属于种 $i$ 的个体在总体中的比例。

结果 分析

请将碳源对土壤可培养真菌群落组成与多样性影响的结果填入表 8-1。

表 8-1 碳源对土壤可培养真菌群落组成与多样性影响的结果

| 碳源 | IF | Shannon - Weiner 指数（H） | Simpson 多样性指数（D） |
|------|-----|---------------------------|------------------------|
| A | | | |
| B | | | |
| C | | | |
| D | | | |

## 思考题

1. 环境因子对微生物群落的影响是否存在一定的阈值效应？换句话说，环境因子的改变是否会导致微生物群落结构和多样性的非线性响应？

2. 实验结果中是否发现了一些特定微生物群落的优势种？这些优势种对整个微生物群落的功能有何影响？

3. 你的实验结果是否可以推广到自然环境中？如果不能，你认为自然环境中的复杂性可能如何影响微生物群落对环境因子的响应？

# 实验 8-2　氮源对土壤细菌群落组成与多样性的影响分析

## 实验概述

氮是所有生物的重要组成部分，是微生物生长所必需的元素之一，也是限制地球上所有生命体的主要营养成分。氮的主要作用是提供合成细胞物质和代谢产物中的氮素来源，一般不作为能量提供。微生物对氮源的利用能力差异很大，大多数微生物只能利用铵盐、其他含氮盐、有机含氮化合物作为氮源，有少数固氮微生物则能利用分子态氮来合成自身的氨基酸、蛋白质。土壤微生物环境复杂，其中有着不同类型的氮，众多细菌能够利用土壤环境中的氮源维持自身的生长和繁殖。基于此，本实验将探索不同类型的氮源对农田土壤中细菌群落组成与多样性的影响。

## 目的要求

1. 熟悉可培养细菌分离的基本操作。
2. 掌握不同类型氮源培养基的配制。
3. 了解氮源对微生物群落的影响。

## 实验原理

微生物在分解和利用氮源方面表现出显著的差异性，这种能力在不同种类中是不均等的。具体而言，一些微生物能够有效地利用氮源进行生长和代谢，而另一些则缺乏这种能力。此外，不同类别的细菌展现出对特定类型氮源的独特偏好，这反映了它们具有各自独特的生理需求和代谢途径。基于此，本实验将探索在不同氮源的培养基上细菌的差异。本实验采用分离与镜检计数，使用不同氮源的培养基进行培养，再用显微镜做形态特征(如菌落的形态、气味、颜色和形状等特征)的进一步观察。

## 实验材料

1. 材料：具体如下。

（1）样品：新鲜农田土壤。

（2）不同氮源的细菌培养基：LB 培养基为一种应用最广泛和最普通的细菌基础培养基，本实验将胰蛋白胨改成其他类型的氮源，使其成为不同氮源的细菌培养基。其他氮源有 $(NH_4)_2SO_4$、$NH_4NO_3$、尿素等。

1）A 培养基（胰蛋白胨）：胰蛋白胨 10 g，酵母提取物 5 g，NaCl 10 g，琼脂 15～20 g，蒸馏水 1000 mL。

2）B 培养基（硫酸铵）：$(NH_4)_2SO_4$ 10 g，酵母提取物 5 g，NaCl 10 g，琼脂 15～20 g，蒸馏水 1000 mL。

3）C 培养基（硝酸铵）：$(NH_4)_2SO_4$ 10 g，酵母提取物 5 g，NaCl 10 g，琼脂 15～20 g，蒸馏水 1000 mL。

4）D 培养基（尿素）：尿素 10 g，酵母提取物 5 g，NaCl 10 g，琼脂 15～20 g，蒸馏水 1000 mL。

（3）无菌水：带有玻璃珠且装有 20 mL 无菌水的锥形瓶、装有 9 mL 无菌水的试管。

2. 主要仪器及设备：培养皿、微量移液器、涂布棒、高压蒸汽灭菌锅、电子天平、无菌吸管、振荡器、恒温培养箱。

**实验步骤**

1. 农田土壤稀释液的制备：①从采样地点采集新鲜土样，立即送回实验室进行后续实验；②将采集的样品进行浓度梯度稀释，称取 2 g 土样，加入装有 20 mL 无菌水的锥形瓶中，振荡 10 min，即为稀释成 $10^{-1}$ 的土壤悬液；③另取装有 9 mL 无菌水的试管 3 支，用记号笔编上 $10^{-2}$、$10^{-3}$、$10^{-4}$，取已稀释成 $10^{-1}$ 的土壤悬液，振荡后静止 0.5 min，用无菌吸管吸取 1 mL 土壤悬液，加用无菌吸管吸取 1 mL 土壤悬液，加入 $10^{-2}$ 的无菌水试管中，并在试管内吹吸数次，使之充分混匀，即成 $10^{-2}$ 土壤稀释液。用相同方法一次连续稀释，制成 $10^{-3}$ 和 $10^{-4}$ 的土壤稀释液。

2. 不同氮源的细菌培养基的配制：具体如下。①称重：按照实验材料中给出的不同氮源的细菌培养基中不同药品的重量，根据自己所需的平板培养基数量，准确称取一定量的药品。②溶解：加入一定比例的水溶解，煮沸至透明，然后分装至锥形瓶中。③灭菌：将锥形瓶封好口，然后放入高压蒸汽灭菌锅中，在 121 ℃ 条件下灭菌 30 min。④倾注平板培养基：灭菌完成后，在超净工作台中倾注平板培养基，待平板培养基凝固后，将其倒置在超净工作台上待用。所有操作均在无菌条件下进行。

3. 涂布、培养：用移液枪吸取 0.2 mL 的 $10^{-4}$ 浓度的菌液，涂布到不同氮源的细菌培养基中，每种不同氮源的培养基各涂布 6 个，静置 5～10 min，使菌液浸入培养基中，倒置平板培养基，所有的操作过程必须在超净工作台中进行，然后将平板培养基置于 37 ℃ 恒温培养箱中培养 24 h，对培养基中的菌落进行观察（观察内容包括大小、形状和颜色）、镜检并计数。

4. 分离、纯化：将观察大致一样的菌落初步归为一类，将单菌落转接到平板上进行纯化，最后再通过形态观察或分子手段更为准确地对菌进行合并分类和计数。

5. 统计分析：

(1)IF：

$$IF = \frac{某一属细菌的菌株数}{分离获得的细菌总菌株数} \times 100\%$$

(2)Shannon‐Weiner 指数(H)：

$$H = -\sum_{i=1}^{n}(Pi\ln Pi)$$

式中，$Pi$ 为某种细菌占总真菌的百分率，其中指数值大小与多样性高低呈正相关。

(3)Simpson 多样性指数(D)：

$$D = 1 - \sum_{i=1}^{s}Pi^{2}$$

式中，$S$ 为物种总数，$Pi$ 为属于种 $i$ 的个体在总体中的比例。

## 结果分析

请将氮源对土壤细菌群落组成与多样性影响的结果填入表 8‐2。

表 8‐2　氮源对土壤细菌群落组成与多样性影响的结果

| 氮源 | IF | Shannon‐Weiner 指数(H) | Simpson 多样性指数(D) |
| --- | --- | --- | --- |
| A | | | |
| B | | | |
| C | | | |
| D | | | |

## 思考题

1. 氮源与土壤微生物群落的组成和多样性是否具有浓度效应？

2. 氮源对土壤细菌群落的影响是否受到其他环境因素的调节，比如土壤 pH、温度、湿度等？这些因素可能如何影响细菌群落的响应？

# 实验 8‐3　温度对微生物群落组成与多样性的影响分析

## 实验概述

气候变化是对自然生态系统影响最大的人为干扰，生物圈对气候变化的响应是 21 世纪的科学挑战之一。气候变化及其引起的极端气候将严重地影响生态系统的功能，并很有可能减少生态系统的服务。因为温度直接加速了代谢率和生化过程，所以我们将非生物环境变化与群落联系起来，探索温度如何影响生物体的变化。现今，气候变暖正日益凸显，将导致植物和动物生物多样性的显著变化，这就使得温度如何影响微生物（特别是土壤微生物）多样性逐渐成了研究热点。全球气候变化（如变温、增温和干旱加剧等）改变了土壤微生物的多样性和功能，进而可影响陆地生态系统服务，因此，揭示土壤微生物的响应和反馈有助于我们全面认识和预测全球气候变化对陆地生态系统的影响及其未来的变化趋势。本实验将采集土壤，通过可培养技术手段在梯度温度条件下进行微生物培养，从而探索不同温度对土壤可培养微生物群落的影响。

## 目的要求

了解温度对微生物组成与多样性的影响。

## 实验原理

微生物对温度的适应性具有差异，利用这一特性，通过人工培养箱来模拟不同的温度梯度，接种后的平板培养基在不同的温度下会表现出差异。本实验结合了可培养分离技术和镜检技术。控制好梯度稀释浓度是本实验的重要步骤。

## 实验材料

1. 材料：具体如下。

(1)样品：新鲜农田土壤。

(2)培养基：包括真菌分离培养基和细菌分离培养基。

1)真菌分离培养基：包括马丁氏培养基和 PDA 培养基。

马丁氏培养基的配方：分别称取 $KH_2PO_4$ 1 g、$MgSO_4 \cdot 7H_2O$ 0.5 g、蛋白胨 5 g、葡萄糖 10 g、琼脂 18 g，将之置于 1000 mL 蒸馏水中，pH 自然，待试剂充分混匀后，加 1%孟加拉红 3.3 mL，搅拌均匀后，分装、灭菌、备用。同时，待温度冷却至 45 ℃左右，向每 100 mL 培养基中加 1%链霉素和青霉素 0.3 mL。

PDA 培养基的配方：分别称取葡萄糖 20 g、琼脂 20 g 于 1000 mL 马铃薯浸提液中（取去皮马铃薯 200 g，切成小块，加蒸馏水 1000 mL 煮沸 30 min，滤去马铃薯块，用蒸馏水将滤液补足至 1000 mL）。

2)细菌分离培养基：采用 LB 培养基，其配方如下：分别称取胰蛋白胨 10 g、酵母提取物 5 g、氯化钠 10 g、琼脂 15~20 g，将之置于 1000 mL 蒸馏水中，pH 自然。

(3)无菌水。带有玻璃珠且装有 20 mL 无菌水的锥形瓶、装有 9 mL 无菌水的试管。

2. 主要仪器及设备：培养皿、微量移液器、涂布棒，灭菌锅、电子天平、振荡器、恒温培养箱。

## 实验步骤

1. 农田土壤稀释液的制备：①从采样地点采集新鲜土样，立即送回实验室进行后续实验；②将采集的样品进行浓度梯度稀释，称取 2 g 土样，加入装有 20 mL 无菌水的锥形瓶中，振荡 10 min，即为稀释成 $10^{-1}$ 的土壤悬液；③另取装有 9 mL 无菌水的试管3支，用记号笔编上 $10^{-2}$、$10^{-3}$、$10^{-4}$，取已稀释成 $10^{-1}$ 的土壤悬液，振荡后静止 0.5 min，用无菌吸管吸取 1 mL 土壤悬液，加用无菌吸管吸取 1 mL 土壤悬液，加入 $10^{-2}$ 的无菌水试管中，并在试管内吹吸数次，使之充分混匀，即成 $10^{-2}$ 土壤稀释液。用相同方法一次连续稀释，制成 $10^{-3}$ 和 $10^{-4}$ 的土壤稀释液。

2. 培养基的制备：具体如下。①称重：按照实验材料中给出的培养基配方，根据自己所需平板数量，准确称取一定量的药品。②溶解：加入一定比例的水溶解，煮沸至透明，然后分装至锥形瓶中。③灭菌：将锥形瓶封好口，然后放入灭菌锅中，在 121 ℃条件下灭菌 30 min。④倾注平板：灭菌完成后，待平板凝固，将其倒置在超净工作台上备用。所有操作均在无菌条件下进行。

3. 涂布、培养：用移液枪分别吸取 0.2 mL 的 $10^{-3}$ 和 $10^{-4}$ 浓度的菌液，涂布到马丁氏培养基和LB培养基中，分别涂布 48 个，静置 5～10 min，使菌液浸入培养基中，倒置平板培养基，所有的操作过程必须在超净工作台中进行，然后分别放入设置的温度梯度为 15 ℃、25 ℃、35 ℃和 45 ℃的恒温培养箱中，每个梯度重复 6 个操作。细菌培养 24 h，真菌培养 48 h。对培养基中的菌落进行观察（观察内容包括大小、形状和颜色）、镜检并计数。

4. 分离、纯化：将观察大致一样的菌落初步归为一类，将单菌落转接到平板上进行纯化，最后再通过形态观察或分子手段更为准确地对菌进行合并分类和计数。

5. 统计分析：具体如下。

(1)IF：

$$IF = \frac{某一属真菌/细菌的菌株数}{分离获得的真菌/细菌总菌株数} \times 100\%$$

(2)Shannon - Weiner 指数（H）：

$$H = -\sum_{i=1}^{n} (Pi \times \ln Pi)$$

式中，$Pi$ 为某种真菌/细菌占总菌的百分率，其中指数值大小与多样性高低呈正相关。

(3)Simpson 多样性指数（D）：

$$D = 1 - \sum_{i=1}^{s} Pi^2$$

式中，$S$ 为物种总数，$Pi$ 为属于种 i 的个体在总体中的比例。

(4)Margalef 指数（M）：

$$M = (S-1)/\ln N$$

式中，$S$ 为群落中物种的总数目，$N$ 为观察到的个体总数。

## 结果分析

请将温度对微生物群落组成与多样性影响的结果填入表 8-3。

表 8-3 温度对微生物群落组成与多样性影响的结果

| 温度 | IF | Shannon - Weiner(H) | Simpson(D) | Margalef |
|------|-----|---------------------|------------|----------|
| 15 | | | | |
| 25 | | | | |
| 35 | | | | |
| 45 | | | | |

思考题

1. 温度变化是否导致了微生物种类的优势转移？

2. 微生物多样性受温度影响的机制是什么？

3. 全球气候变暖对农业土壤微生物生态系统带来了哪些影响？人类应该采取哪些措施进行应对？

# 实验 8-4  紫外辐射对微生物多样性的影响分析

实验概述

紫外线的波长介于 100~400 nm，占太阳辐射的 8% 左右，具有强烈的生物学效应。虽然紫外线对地球上的生命至关重要，但随着臭氧层空洞的加大，紫外线的强度不断加强，会导致机体致癌、抑制适应性免疫功能、晒伤机体、改变内分泌细胞进出皮肤的迁移能力等，因此其已经成为广受关注的问题。紫外线通常分为长波紫外线（UVA，315~400 nm）、中波紫外线（UVB，280~315 nm）和短波紫外线（UVC，200~280 nm）3 种类型。探究在不同紫外线照射剂量下可培养真菌/细菌多样性的变化情况，有助于在紫外辐射显著增加的背景下，进一步揭示紫外辐射对微生物生理和免疫方面的影响，为探究紫外辐射对微生物种群的影响提供一定的参考依据。

物种多样性是群落生物组成结构的重要指标，它不仅可以反映群落组织化水平，而且可以通过结构与功能的关系间接反映群落功能的特征。从目前来看，生物群落的物种多样性指数可分为 α 多样性指数、β 多样性指数和 γ 多样性指数三类。其中，α 多样性指数是反映群落内部物种丰富度和各物种均匀程度的指标；β 多样性指数是反映随群落内环境异质性变化或随群落间环境变化而导致的物种丰富度和均匀程度变化的指标；γ 多样性指数可以用来在更大的生态学尺度上（如景观水平上）测量物种多样性变化或差异。在比较不同群落的物种多样性时，可以按照不同研究目的而采用不同指数。

## 目的要求

了解紫外辐射对真菌、细菌的影响，学习紫外辐射影响真菌、细菌多样性的试验方法。

## 实验原理

紫外线属于非电离辐射波长，260 nm 左右的紫外线杀菌力最强。紫外线的作用特点是杀伤力强、穿透力弱，因此，紫外线多被用作空气或器皿的表面灭菌及微生物育种的诱变剂。

紫外线对微生物有强烈的致死作用，其杀菌机制是短波的紫外线引起细胞蛋白质和核酸的光化学反应。但微生物对紫外线的吸收与剂量有关。剂量高低是由紫外灯的功率、照射距离与照射时间而定的。高剂量紫外线可使微生物致死，低剂量紫外线可引起细胞变异。因经紫外线照射后的受损细胞遇光有光复活现象，故处理后的接种物应避光培养。

## 实验材料

1. 主要仪器：培养皿、移液枪、三角瓶、玻璃珠、酒精灯、涂布棒、恒温培养箱、PCR 仪。

2. 主要菌源：选定采样点后，铲去土壤表层 2～3 cm，取 3～10 cm 深度的土壤 10 g。

3. 培养基：牛肉膏蛋白胨培养基、马丁氏培养基、高氏一号培养基。

## 实验步骤

1. 制备土壤稀释液：称取土样 1 g，加入盛有 99 mL 无菌水的锥形瓶中，振荡 10 min，使土壤中的菌体、芽孢或孢子均匀分散，制成 $10^{-2}$ 稀释度的土壤稀释液，然后按 10 倍稀释法进行稀释分离。具体操作过程如下：取装有 9 mL 无菌水的试管 4 支，按 $10^{-3}$、$10^{-4}$、$10^{-5}$、$10^{-6}$ 顺序编号，放置在试管架上。用移液枪准确吸取 1 mL $10^{-2}$ 土壤稀释液，放于 $10^{-3}$ 编号的试管内，充分混匀，此为 $10^{-3}$ 稀释度的土壤稀释液，依次操作，制成 $10^{-4}$、$10^{-5}$、$10^{-6}$ 的土壤稀释液。

2. 用涂布法分离微生物：用无菌移液管分别吸取上述 $10^{-6}$、$10^{-5}$、$10^{-4}$ 的 3 个稀释度菌悬液 0.1 mL，依次加入对应编号已经准备好的平板培养基上。右手持无菌玻璃涂布棒，左手持培养皿，在酒精灯火焰旁右手持玻璃涂布棒将菌液自平板培养基中央均匀地向四周涂布扩散，切忌因用力过猛而将菌液直接推向平板培养基边缘或将培养基划破。每个稀释度涂 3 个平板培养基。其中分离细菌用牛肉膏蛋白胨培养基，分离真菌用马丁氏培养基，分离放线菌用高氏一号培养基。

3. 紫外辐射处理：对紫外灯箱先开灯预热 2～3 min，再将上述培养皿置于长波紫外线、中波紫外线和短波紫外线 3 种类型的紫外灯下，打开培养皿盖。在距离 30 cm 处照射 5～8 min，盖上培养皿盖，用黑布或厚纸遮盖，同时设置 3 个不放入紫外灯箱的培养皿作为对照，一并送入恒温培养箱。

4. 恒温培养：将平板培养基置于合适温度的恒温培养箱中培养 24 h 后观察结果，其中细菌的最佳培养温度为 37 ℃，放线菌的最佳培养温度为 28 ℃，真菌的最佳培养温度为 30 ℃。

5. 统计分析：具体如下。

(1)α 多样性指数包括群落所含物种的多寡（即物种丰富度）和群落中各个种的相对密度（即物种均匀度）两方面的含义。

1)物种丰富度指数(species richness index)：包括以下 2 种。

Gleason 指数(D)：

$$D = S / \ln A$$

式中，$A$ 为单位面积，$S$ 为群落中的物种数目。

Margalef 指数(D)：

$$D = (S - 1) / \ln N$$

式中，$S$ 为群落中物种的总数目，$N$ 为观察到的所有个体总数。

2)Simpson 指数(D)：

$$D = 1 - \sum (Ni / N)^2$$

式中，$Ni$ 为第 $i$ 种的个体数，$N$ 为所在群落的所有物种的个体数之和。

3)Shannon 均匀度指数(E)：

$$E = H / \ln S$$

式中，$H$ 为片境梯度，$S$ 为群落中的总物种数。

(2)β 多样性指数：不同群落或环境梯度上不同点之间的共有种越少，β 多样性指数则越大。因此，利用 β 多样性指数可以对两群落的相似性程度进行估计。精确地测定 β 多样性具有重要的意义，它不仅可以指示生境被物种隔离的程度，而且可以用来比较不同地段的生境多样性。

1)Whittaker 指数(βw)：

$$\beta w = S / m_a - 1$$

式中，$S$ 为所研究群落中记录的物种总数，$m_a$ 为各样方或样本的平均物种数。

2)Cody 指数(βc)：

$$\beta c = [g(H) + L(H)] / 2$$

式中，$g(H)$ 为沿生境梯度 $H$ 增加的物种数目，$L(H)$ 为沿生境梯度 $H$ 失去的物种数目，即在上一个梯度中存在而在下一个梯度中没有的物种数目。

3)Wilson Shmida 指数(βr)：

$$\beta r = [g(H) + L(H)]/2m_a$$

4)Jaccard 指数(Cj):

$$Cj = j/(a + b - j)$$

式中，$a$ 是环境 $A$ 的物种数，$b$ 是环境 $B$ 的物种数，$j$ 是两环境共有物种数。

分别利用 α 多样性指数和 β 多样性指数中的 1 或 2 种指数研究不同波长的紫外辐射对微生物多样性的影响。

## 结果分析

请将紫外辐射对微生物多样性影响的结果填入表 8 - 4。

表 8 - 4　紫外辐射对微生物多样性影响的结果

| 紫外 | α 多样性 | | | | β 多样性 | | | |
|------|---------|---------|---------|---------|-----------|---------------|------|---------|
| | Gleason | Margalef | Simpson | Shannon | Whittaker | Wilson Shmida | Cody | Jaccard |
| 长波 | | | | | | | | |
| 中波 | | | | | | | | |
| 短波 | | | | | | | | |

## 思考题

1. 紫外辐射的杀菌原理是什么？

2. 从紫外辐射对微生物影响的角度看，其可能对人类健康产生什么样的影响？有哪些潜在的健康风险？

# 实验 8-5　盐对可培养微生物多样性的影响分析

## 实验概述

地球上有很多具有理化性质特殊的高盐生态环境，如中国新疆地区、内蒙古地区的盐湖，西班牙和以色列等的盐场，以及位于深海中的高盐海水等。不同高盐环境所处的地质情况和形成环境不同，其在盐浓度、各种离子成分和比例、氧气养分供应及 pH 等方面存在较大差异。正是因为这些多样的高盐生态环境，所以才进化出多种不同类型的嗜盐微生物。嗜盐菌对高盐浓度有一种特殊的"依赖"，普通菌体在高盐浓度下是无法生存的，但是嗜盐菌却可以较好地生长在高盐环境中，当盐浓度降低时，嗜盐菌的离子外流，导致其细胞壁呈现出不完整状态并随之死亡。

嗜盐菌凭借着自己的结构特点和生理功能，在各个领域得到了广泛的应用，例如，在生物电子应用、高盐废水处理、石油开采、食品及医药工业生产、多聚化合物生产、嗜盐菌膜蛋白功能材料开发等领域已取得丰硕的研究成果。因此，无论是在挖掘嗜（耐）盐菌作为特殊的微生物资源，还是考虑它们对食品安全带来的隐患，嗜（耐）盐菌如今都是人们关注的重点之一。

## 目的要求

了解并掌握盐对可培养真菌、细菌多样性的影响。

## 实验原理

微生物的生长均需要适宜的渗透压。有些微生物需要有一定浓度的 NaCl 才能生长，这些微生物称为专性嗜盐微生物。而另一些微生物在低盐浓度时也能生长，但生长受到一定的影响，这类微生物称为耐盐微生物。多数杆菌在盐浓度超过 10％时已不能生长。例如，大肠杆菌、肉毒杆菌、沙门氏菌等，在盐浓度为 6％～8％时，其生长受到极大抑制或完全抑制。而另一些微生物（如葡萄球菌）则耐盐性较强，在盐浓度为 15％时才受到抑制，在盐浓度为 20％时才会被杀死。霉菌一般较耐盐，在盐浓度为 20％～25％时才受到抑制。总的来说，18％～25％的盐浓度基本能阻止各类微生物的生长。

## 实验材料

1. 主要仪器及试剂：培养皿、移液枪、三角瓶、酒精灯、玻璃珠、无菌玻璃涂布棒、无菌移液管、恒温培养箱、NaCl。

2. 主要菌源：选定采样地点后，铲去土壤表层 2～3 cm，取 3～10 cm 深度的土样 10 g。

3. 培养基：牛肉膏蛋白胨培养基、马丁氏培养基、高氏一号培养基。

## 实验步骤

1. 制备不同盐浓度平板培养基：分别向配制好的牛肉膏蛋白胨培养基、马丁氏培养基、高氏Ⅰ号培养基中加入 1％NaCl、5％NaCl、10％NaCl、15％NaCl、20％NaCl，然后进行培养皿制备，并做好相应的标记。

2. 制备土壤稀释液：称取土样 1 g，加入盛有 99 mL 无菌水的锥形瓶中，振荡 10 min，使土壤中的菌体、芽孢或孢子均匀分散，制成 $10^{-2}$ 稀释度的土壤稀释液，然后按 10 倍稀释法进行稀释分离。具体操作过程如下：取装有 9 mL 无菌水的试管 4 支，按 $10^{-3}$、$10^{-4}$、$10^{-5}$、$10^{-6}$ 顺序编号，放置在试管架上，用移液枪准确吸取 1 mL$10^{-2}$ 稀释度的土壤稀释液，放于 $10^{-3}$ 编号的试管内，充分混匀，此为 $10^{-3}$ 稀释度的土壤稀释液，依次操作，制成 $10^{-4}$、$10^{-5}$、$10^{-6}$ 稀释度的土壤稀释液。

3. 用涂布法分离微生物：用无菌移液管分别吸取上述 $10^{-6}$、$10^{-5}$、$10^{-4}$ 的3个稀释度菌悬液 0.1 mL，依次加入对应编号已经准备好的平板培养基上。右手持无菌玻璃涂布棒，左手拿培养皿，并用拇指将皿盖打开一条缝，在酒精灯火焰旁右手持玻璃涂布棒将菌液自平板培养基中央均匀向四周涂布扩散,切忌因用力过猛而将菌液直接推向平板培养基边缘或将培养基划破。每个稀释度涂 3 个平板培养基。其中分离细菌用牛肉膏蛋白胨培养基,分离放线菌用高氏一号培养基,分离真菌用马丁氏培养基。

4. 恒温培养:将平板置于合适温度的恒温培养箱中培养 24 h 后观察结果,其中细菌的最佳培养温度为 37 ℃,放线菌的最佳培养温度为 28 ℃,真菌的最佳培养温度为 30 ℃。

5. 统计分析:具体如下。

(1)α 多样性指数,包括群落所含物种的多寡(即物种丰富度)和群落中各个种的相对密度(即物种均匀度)两方面含义。

1)物种丰富度指数(species richness index):包括以下 2 种。

Gleason 指数(D):

$$D = S / \ln A$$

式中,$A$ 为单位面积,$S$ 为群落中的物种数目。

Margalef 指数(D):

$$D = (S - 1) / \ln N$$

式中,$S$ 为群落中物种的总数目,$N$ 为观察到的所有个体总数。

2)Simpson 指数(D):

$$D = 1 - \sum (N_i / N)^2$$

式中,$N_i$ 为第 $i$ 种的个体数,$N$ 为所在群落的所有物种的个体数之和。

3)Shannon 均匀度指数(E):

$$E = H / \ln S$$

式中,$S$ 为群落中的总物种数。

(2)β 多样性指数:不同群落或环境梯度上不同点之间的共有种越少,β 多样性指数则越大。因此,利用 β 多样性指数可以对两群落的相似性程度进行估计。精确地测定 β 多样性指数具有重要意义,它不仅可以指示生境被物种隔离的程度,而且可以用来比较不同地段的生境多样性。

1)Whittaker 指数(βw):

$$\beta w = S / m_a - 1$$

式中,$S$ 为所研究群落中记录的物种总数,$m_a$ 为各样方或样本的平均物种数。

2)Cody 指数(βc):

$$\beta c = [g(H) + L(H)] / 2$$

式中,$g(H)$ 为沿生境梯度 $H$ 增加的物种数目,$L(H)$ 为沿生境梯度 $H$ 失去的物种数目,即在上一个梯度中存在而在下一个梯度中没有的物种数目。

3)Wilson Shmida 指数(βr):

$$\beta r = [g(H) + L(H)] / 2m_a$$

4)Jaccard 指数(Cj):

$$Cj = j / (a + b - j)$$

式中，$a$ 是环境 $A$ 的物种数，$b$ 是环境 $B$ 的物种数，$j$ 是两环境共有的物种数。

分别利用 α 多样性指数和 β 多样性指数中的 1 或 2 种指数研究不同盐浓度对微生物多样性的影响。

## 结果分析

请将盐对可培养微生物多样性影响的结果填入表 8-5。

表 8-5　盐对可培养微生物多样性影响的结果

| NaCl | α 多样性 | | | | β 多样性 | | | |
| --- | --- | --- | --- | --- | --- | --- | --- | --- |
| | Gleason | Margalef | Simpson | Shannon | Whittaker | Wilson Shmida | Cody | Jaccard |
| 1% | | | | | | | | |
| 5% | | | | | | | | |
| 10% | | | | | | | | |
| 15% | | | | | | | | |
| 20% | | | | | | | | |

## 思考题

1. 微生物的耐盐机制是什么？

2. 真菌和细菌多样性变化是否与盐浓度呈现出线性关系？如果不是，那么可能的原因是什么？

3. 如何利用盐胁迫控制真菌和细菌的多样性？这种方法有哪些潜在的应用场景？

# 实验 8-6　抗生素对可培养微生物多样性的影响分析

## 实验概述

抗生素是一类主要由真菌、放线菌或细菌等微生物在其代谢过程中产生的具有杀灭或抑制其他微生物作用的化学物质，它不仅能从微生物培养液中提取，还能通过人工合成或半合成获得。抗生素能在不同层次上起到抗菌、杀菌和抑菌效果，其作用机制主要包括：通过抑制细菌细胞壁的形成，使细菌丧失细胞壁的保护，进而造成死亡；改变细胞膜通透性，使细菌屏障及运送物质功能受到阻碍；阻抑蛋白质合成，使细菌生长受到迫害；影响核酸代谢，使细菌生长、分裂受到阻抑等。抗生素对微生物的影响是最显著的和最直接的，例如，抗生素的滥用会诱导耐药细菌的产生，对微生态环境带来潜在威胁，同时会使得交叉耐药和多重耐药的现象广泛存在。因此，了解抗生素对环境微生物多样性的影响意义重大。

## 目的要求

通过本实验的学习，了解抗生素对可培养微生物多样性的影响，掌握抗生素对可培养微生物多样性影响的检测方法。

## 实验原理

在自然界中，微生物间的拮抗现象普遍存在，许多微生物可以产生抗生素，能选择性地抑制或杀死其他微生物，在此过程中，抗菌机制不尽相同，有些干扰微生物细胞膜的功能，有些阻碍微生物细胞壁合成，有些影响微生物蛋白质或核酸合成等。测定某抗生素对土壤可培养微生物的多样性影响十分必要。

## 实验材料

1. 主要仪器及试剂：培养皿、移液枪、三角瓶、玻璃珠、无菌移液管、无菌玻璃涂布棒、恒温培养箱、酒精灯、青霉素、链霉素。

2. 主要菌源：选定采样点后，铲去土壤表层 2～3 cm，取 3～10 cm 深度的土样 10 g。

3. 培养基：牛肉膏蛋白胨培养基、马丁氏培养基、高氏一号培养基。

## 实验步骤

1. 制备抗生素平板培养基：分别向配制好的牛肉膏蛋白胨培养基、马丁氏培养基、高氏一号培养基中加入 50 mg/L 青霉素（A）、50 mg/L 链霉素（B）、50 mg/L 青霉素＋50 mg/L 链霉素（C），再放置不添加任何抗生素（D）的对照培养基，然后进行培养皿制备，并做好相应的标记。

2. 制备土壤稀释液：称取土样 1 g，加入装有 99 mL 无菌水的锥形瓶中，振荡 10 min，使土壤中的菌体、芽孢或孢子均匀分散，制成 $10^{-2}$ 稀释度的土壤稀释液，然后按 10 倍稀释法进行稀释分离。具体操作过程如下：取装有 9 mL 无菌水的试管 4 支，按 $10^{-3}$、$10^{-4}$、$10^{-5}$、$10^{-6}$ 顺序编号，放置在试管架上，用移液枪吸取 1mL $10^{-2}$ 稀释度的土壤稀释液，放于 $10^{-3}$ 编号的试管内，充分混匀，此为 $10^{-3}$ 稀释度的土壤稀释液，依次操作，制成 $10^{-4}$、$10^{-5}$、$10^{-6}$ 稀释度的土壤稀释液。

3. 用涂布法分离微生物：用无菌移液管分别吸取上述 $10^{-6}$、$10^{-5}$、$10^{-4}$ 的 3 个稀释度菌悬液 0.1 mL，依次加入对应编号已经准备好的平板培养基上。右手持无菌玻璃涂布棒，左手持培养皿，并用拇指将皿盖打开一条缝，在酒精灯火焰旁右手持玻璃涂布棒将菌液自平板培养基中央均匀向四周涂布扩散，切忌因用力过猛而将菌液直接推向平板培养基边缘或将培养基划破。每个稀释度涂 3 个平板。其中分离细菌用牛肉膏蛋白胨培养基，分离真菌用马丁氏培养基，分离霉菌用高氏一号培养基。

4. 恒温培养：将平板培养基置于合适温度的恒温培养箱中培养 24 h 后观察结果，其中细菌的最佳培养温度为 37 ℃，放线菌的最佳培养温度为 28 ℃，真菌的最佳培养温度为 30 ℃。

5. 统计分析：具体如下。

(1)α 多样性指数：包括两方面的含义，即群落所含物种的多寡(物种丰富度)和群落中各个物种的相对密度(物种均匀度)。

1)物种丰富度指数(species richness index)包括以下 2 种。

Gleason 指数(D)：

$$D = S/\ln A$$

式中，$A$ 为单位面积，$S$ 为群落中的物种数目。

Margalef 指数(D)：

$$D = (S-1)/\ln N$$

式中，$S$ 为群落中物种的总数目，$N$ 为观察到的所有个体总数。

2)Simpson 指数(D)：

$$D = 1 - \sum (N_i/N)^2$$

式中，$N_i$ 为第 $i$ 种的个体数，$N$ 为所在群落的所有物种的个体数之和。

3)Shannon 均匀度指数(E)：

$$E = H/\ln S$$

式中，$S$ 为群落中的总物种数。

(2)β 多样性指数：不同群落或环境梯度上不同点之间的共有种越少，β 多样性指数则越大。因此，利用 β 多样性指数可以对两群落的相似性程度进行估计。精确地测定 β 多样性指数具有重要意义，它不仅可以指示生境被物种隔离的程度，而且可以用来比较不同地段的生境多样性。

1)Whittaker 指数(βw)：

$$\beta w = S/m_a - 1$$

式中，$S$ 为所研究群落中记录的物种总数，$m_a$ 为各样方或样本的平均物种数。

2)Cody 指数(βc)：

$$\beta c = [g(H) + L(H)]/2$$

式中，$g(H)$ 为沿生境梯度 $H$ 增加的物种数目，$L(H)$ 为沿生境梯度 $H$ 失去的物种数目，即在上一个梯度中存在而在下一个梯度中没有的物种数目。

3)Wilson Shmida 指数(βr)：

$$\beta r = [g(H) + L(H)]/2m_a$$

4)Jaccard 指数(Cj)：

$$Cj = j/(a + b - j)$$

式中，$a$ 是环境 $A$ 的物种数，$b$ 是环境 $B$ 的物种数，$j$ 是两环境共有物种数。

分别利用 α 多样性和 β 多样性指数中的 1 或 2 种指数研究不同抗生素对微生物多样性的影响。

## 结果分析

请将抗生素对可培养微生物多样性影响的结果填入表 8 – 6。

表 8 – 6  抗生素对可培养微生物多样性影响的结果

| 抗生素 | α 多样性 | | | | β 多样性 | | | |
|---|---|---|---|---|---|---|---|---|
| | Gleason | Margalef | Simpson | Shannon | Whittaker | Wilson Shmida | Cody | Jaccard |
| A | | | | | | | | |
| B | | | | | | | | |
| C | | | | | | | | |
| D | | | | | | | | |

## 思考题

1. 抗生素浓度与微生物多样性呈现出怎样的关系？可能的解释是什么？

2. 微生物多样性变化是否与其对抗生素的耐药性有关？如何解释这种关系？

3. 青霉素和链霉素的抗菌作用机制是什么？

# 第 9 章　环境微生物的组成及价值评估

　　环境微生物作为地球生态系统中的基础生物组成，其种类繁多、功能丰富，对维持生态平衡和促进物质循环起着至关重要的作用。从土壤、空气到水体，从极端环境到人类居住的空间，微生物几乎无处不在，它们通过自身的代谢活动，参与并驱动了地球上许多关键的生物地球化学过程。环境微生物的组成复杂多样，包括细菌、古菌、真菌、微型藻类及原生生物等。这些微生物在生态系统中扮演着多种角色，如分解者、固氮者、光合作用者、病原体和共生体等。它们不仅能够分解有机物质，释放养分供植物吸收利用，还能通过固氮、解磷等活动增加土壤肥力，促进植物生长。此外，一些微生物还能通过降解作用来消除污染物、净化环境，对环境保护具有重要意义。

　　环境微生物的利用价值不可估量。在农业领域，微生物肥料和生物农药的开发利用有助于减少对化肥和农药的使用，提高农业生产的可持续性和生态友好性；在工业生产中，微生物的代谢工程和生物转化技术被广泛应用于生物燃料、生物塑料、生物材料的生产过程中，推动了绿色工业的发展；在环境保护方面，微生物的生物修复技术能够有效处理污水、废气和固体废物，减轻环境污染；在医药领域，微生物产生的抗生素、酶和生物活性物质等，为新药开发提供了丰富的资源。

　　本章旨在帮助大家了解环境微生物的研究方法和分析方法，深入探讨环境微生物在不同领域的应用潜力。通过分析不同环境样本中的微生物群落结构，可以揭示微生物在自然界中的分布规律和生态适应性。同时，通过研究微生物的代谢机制和生物合成途径，可以挖掘和利用微生物的生物技术潜力，为人类的可持续发展提供支持。在未来的研究中，我们期望能够进一步理解环境微生物的多样性和复杂性，发掘更多的微生物资源，为人类社会的环境保护、农业生产和工业发展作出更大的贡献。

## 实验 9-1　空气微生物的组成与多样性分析

### 实验概述

　　空气是人类赖以生存的重要物质，空气微生物包括细菌、病毒及真核微型生物（如真菌、微型藻类和原生动物等）等，它们以菌团形式黏附于不同粒径的颗粒物上，形成微生物气溶胶，其含量的多少可以反映所在区域的空气质量，同时，空气微生物含量也是空气环境污染的一个重要参数。研究结果表明，大气温度、相对湿度、风速、大气压力等都会影响空气微生物的群落变化。因此，研究空气微生物的组成及群落多样性对大气环境和人体健康的影响具有重要意义。

# 目的要求

1. 掌握通过限制性片段长度多态性分析空气微生物多样性的原理和方法。
2. 了解空气微生物的研究方法。

# 实验原理

空气微生物多样性分析采用限制性片段长度多态性(RFLP)法,利用限制性内切酶处理基因组 DNA,这些酶会在特定的位点处切割 DNA,从而产生长短不一的 DNA 片段。通过电泳分离,这些 DNA 片段可在相应的条带上显示出来。通过将特定的探针与这些电泳分离的 DNA 片段进行杂交,可以揭示出它们之间的多态性。

# 实验材料

1. 试剂:无菌生理盐水、琼脂糖、DNA 提取试剂盒、凝胶回收纯在试剂盒、T4 连接物酶克隆试剂盒、感受态细胞、酵母提取物、胰蛋白胨、NaCl、琼脂粉、5 -溴- 4 -氯- 3 -吲哚- β - D -半乳糖苷、异丙基- β - D -硫代半乳糖苷、氨苄青霉素、限制性内切酶(Hha I、Rsa I)。

2. 仪器及设备:空气综合采样器、无菌滤膜、离心机、超净工作台、高压蒸汽灭菌锅、培养箱、PCR 仪、电泳仪。

# 实验步骤

1. 采样地点及时间:采样地点为人员密集的公共场所,采样期间天气晴朗,前一周无降雨。

2. 采样方法:将 2 台空气综合采样器固定于三脚架上,高度为 1.5 m(人体平均呼吸高度),将无菌滤膜置于采样器中(滤膜材质为玻璃纤维,直径 80 mm),空气流量为 100 L/min,采集后用无菌生理盐水冲洗滤膜,将滤膜上沉积颗粒物溶于无菌生理盐水中。

3. DNA 提取和目的片段 PCR 扩增:将溶有颗粒物的无菌生理盐水在离心机中以 12000 r/min 离心 20 min,浓缩于 2 mL 离心管中,用土壤 DNA 提取试剂盒提取浓缩物 DNA。以提取的 DNA 为模板,采用细菌 16S rDNA 扩增通用引物 27F/1500R[27F(5′- AGAGTTTGATCCTGGCTCAG - 3′)、1500R(5′- AGAAAGGAGGTGATCCA GCC - 3′)]和真菌 18S rDNA 扩增通用引物 EF4f/EF3r[EF4f(5′- GGAAGGGGTGTATT- TATT AG - 3′)、EF3r(5′- TCCTCTAAATGACCAGTTTG - 3′)]进行 PCR 扩增。

(1)细菌扩增条件:94 ℃预变性 5 min;94 ℃变性 45 s,58.5 ℃退火 45 s,72 ℃延伸 90 s,进行 36 个循环;72 ℃延伸 10 min;4 ℃保存。

(2)真菌扩增条件:94 ℃预变性 5 min;94 ℃变性 45 s,53 ℃退火 45 s,72 ℃延伸 90 s,进行 36 个循环;72 ℃延伸 10 min;4 ℃保存。

(3)PCR 反应体系:上游引物(5 μmol·L⁻¹)2 μL,下游引物(5 μmol·L⁻¹)2 μL,

DNA 2 μL，PCR 预混液 25 μL，超纯水 19 μL，总体积 50 μL。用 1‰琼脂糖凝胶电泳检测 PCR 产物。

4. 构建 16S rDNA 和 18S rDNA 克隆文库：选取均一且较亮的目的条带进行凝胶回收，用琼脂糖凝胶回收纯化试剂盒进行纯化，纯化后，用 T4 连接酶克隆试剂盒将目的片段与载体连接起来，之后转化到感受态细胞中，涂在具有 X‑gal/IPTG 抗性筛选的 LB 平板培养基上，选取具有氨苄青霉素抗性的白色转化子进行转板培养并构建克隆文库。

5. RFLP 序列分析与测序：通过菌落 PCR 重新获得 16S rDNA 和 18S rDNA，用 1‰琼脂糖凝胶进行电泳检测，然后分别用限制性内切酶（HhaⅠ、RsaⅠ）对细菌菌落和真菌菌落的 PCR 产物进行酶切，用 3‰琼脂糖凝胶进行电泳检测，获得 RFLP 图谱，分析酶切图谱，在各 OTU 中任选 1 个克隆子制备穿刺管，经 16 h 培养后测序。

6. 系统发育与克隆文库分析：在 NCBI 数据库中将测序结果输入 BLAST 软件，与数据库中的序列进行比对，依据相似度最高的已知菌种序列，运用 MEGA 软件构建系统发育树，建树模型为 Kimu‑ra2‑parameter，Bootstrap 值为 1000。

## 结果分析

计算克隆文库覆盖度（coverage，C）、Shannon 多样性指数、Simpson 指数（D）、丰富度（species richness）和均匀度（species evenness，E）。

## 思考题

1. 空气微生物的多样性如何受到环境因素的影响？例如，气候、季节、地理位置等因素如何影响空气微生物的组成和丰度？

2. 空气微生物的多样性对人类健康有何影响？是否存在某些微生物与呼吸道疾病或过敏反应相关联？

# 实验 9‑2　生活污水中微生物的组成与多样性分析

## 实验概述

生活污水是居民日常生活中排出的废水，主要来源于居住建筑和公共建筑，如住宅、机关、学校、医院、商店、公共场所及工业企业卫生间等。生活污水所含的污染物主要是有机物（如蛋白质、碳水化合物、脂肪、尿素、氨、氮等）和大量病原微生物（如寄生虫卵和肠道传染病病毒等）。微生物在污水净化中扮演着重要的角色，不同性质的污水会对微生物的多样性产生影响。Petrovich 等对两个不同处理工艺的污水处理厂污水和生物量样本中的 dsDNA 病毒、细菌群落组成及多样性进行了研究，结果发现两个污水处理厂存在相似的病毒序列家族，但相对丰度不同。已有研究表明，温度、

pH、溶氧量、底物初始浓度和氮浓度等参数都会影响微生物的生长。本实验调查了生活污水中微生物的多样性，以期能够为生活污水中功能微生物的应用提供理论和应用基础。

## 目的要求

1. 掌握通过限制性片段长度多态性分析生活污水中微生物多样性的原理和方法。
2. 了解生活污水中微生物的研究方法。

## 实验原理

16S rDNA 基因是对环境样品中微生物分布研究中最常用的靶片段，因此，可以利用恒定区序列设计引物将基因片段扩增出来，再利用可变区序列的差异来对不同菌属、种的细菌进行分离。

## 实验材料

1. 试剂：NaOH 溶液、$K_2SO_4$ 溶液、琼脂糖、酒精、氯仿试剂。
2. 仪器及设备：微孔滤膜、超净工作台、微量紫外分光光度计、核酸提取试剂盒、水浴锅、电泳仪、培养箱、琼脂糖凝胶回收纯化试剂盒、T4 连接酶克隆试剂盒、PCR 仪。

## 实验步骤

1. 样品的采集：将采集回来的水样 1 L 通过 0.22 $\mu m$ 的微孔滤膜进行真空过滤，水样中的总微生物被富集在微孔滤膜表面，然后将微孔滤膜保存在 5 mL buff(20 mol/L EDTA，400 mmol/L NaCl，0.75 M 蔗糖，50 mmol/L Tris－HCl(pH 9)中，并保存在－20 ℃条件下，直至进行实验研究、分析。

2. 样品总 DNA 的提取：利用核酸提取试剂盒提取水膜样品总 DNA，用微量紫外分光光度计对 DNA 的浓度和纯度进行测定并记录，将生活污水中的微生物总 DNA 置于－80 ℃冰箱中长期保存备用。

3. 16S rDNA 及 18S rDNA 的 PCR 扩增：具体如下。

(1)细菌的通用引物序列为 1492R(5'－GGTTACCTT GTTACGACT－3')和 27F(5'－AGAGTTTGATCCTGGCTCA－3')。真菌的通用引物序列为 FR1(5'－ANC-CATTCAATCGGTANT－3')和 FF390(5'－CGATAACGAACGAGACCT－3')。

(2)PCR 反应体系(25 $\mu L$)：Taq DNA 聚合酶 0.4 $\mu L$，10×PCR buffer 2.5 $\mu L$，25 mmol/L $MgCl_2$ 2.5 $\mu L$，10 mmol/L dNTP 2 $\mu L$，DNA 模板 2 $\mu L$，引物各 2 $\mu L$，dd$H_2O$ 13.6 $\mu L$。采用常规 PCR 扩增程序：94 ℃预变性 5 min；94 ℃变性 1 min，55 ℃退火 1 min，72 ℃延伸 1 min，进行 30 个循环；72 ℃延伸 10 min。

将 PCR 产物在 1.5%琼脂糖凝胶上进行电泳检测。

4. 构建 16S rDNA 和 18S rDNA 克隆文库：选取均一且较亮的目的条带进行凝胶

回收，用琼脂糖凝胶回收纯化试剂盒进行纯化，纯化后，用 T4 连接酶克隆试剂盒，将目的片段与载体连接起来，之后转化到感受态细胞中，涂在具有 X - gal/IPTG 抗性筛选的 LB 平板培养基上，选取具有氨苄青霉素抗性的白色转化子进行转板培养并构建克隆文库。

5. 限制性片段长度多态性序列分析与测序：通过菌落重新获得 16S rDNA 和 18S rDNA，用 1% 琼脂糖凝胶进行电泳检测，然后分别用限制性内切酶（HhaⅠ、RsaⅠ）对细菌菌落和真菌菌落的 PCR 产物进行酶切，用 3% 琼脂糖凝胶进行电泳检测，获得 RFLP 图谱，分析酶切图谱，在各 OTU 中任选 1 个克隆子制备穿刺管经 16 h 培养后测序。

6. 系统发育与克隆文库分析：在 NCBI 数据库中将测序结果输入 BLAST 软件，与数据库中序列进行比对，依据相似度最高的已知菌种序列，运用 MEGA 5.0 软件构建系统发育树，建树模型为 Kimu - ra2 - parameter，Bootstrap 值为 1000。

## 结果分析

计算克隆文库覆盖度、Shannon 多样性（H）、Simpson 指数、丰富度和均匀度。

## 思考题

1. 生活污水中微生物的多样性是否存在季节变化或周期性变化？污水处理厂的季节性运营是否会影响微生物群落的稳定性？

2. 生活污水中微生物的多样性对环境质量和水质有何影响？它们是否可能成为水体污染的指示物？

3. 在污水处理过程中，是否存在某些微生物群体对有机废物的降解具有关键作用？这些微生物的特性和功能是什么？

# 实验 9-3 淡紫紫孢霉对鸡羽毛的降解

## 实验概述

鸡羽毛是一种纤维性与难溶型的结构蛋白，富含角蛋白，是自然界中仅次于纤维素和几丁质的第三大丰富聚合物，但因其不溶于水且结构稳定，故难以降解利用。微生物在降解富含角蛋白基质方面具有重要潜力，它们可通过诱导分泌多种蛋白酶来水解高度交联的角蛋白结构，直接作用于疏水性氨基酸，在角蛋白回收再利用过程中发挥重要作用。淡紫紫孢霉（*Purpureocillium lilacinum*）是一种非常有价值的生防菌，能产生多种次生代谢物，不仅具有杀灭线虫、防治害虫、抑制病原菌、释放激素、促进多种化学聚合物分解等作用，还具有很高的安全性。已有研究表明，淡紫紫孢霉 LPS 876 可在含角蛋白的基本培养基上生长，并产生具有角蛋白分解活性的蛋白酶，这说明该菌能够促进角蛋白的降解。因此，研究微生物对鸡羽毛的降解效果，对鸡羽毛角蛋白废弃资源的绿色回收有重要意义。

## 目的要求

1. 掌握淡紫紫孢霉降解鸡羽毛的评判方法。
2. 了解微生物降解角蛋白的作用机制。

## 实验原理

当淡紫紫孢霉以鸡羽毛作为唯一碳、氮源时，产生的亚硫酸盐氧化酶对角蛋白的二硫键进行还原，而被打开二硫键的角蛋白能够在蛋白酶的作用下彻底水解为氨基酸，供菌体进一步生长。

## 实验材料

1. 试剂及培养基：具体如下。

（1）PDA 培养基：马铃薯 200 g，葡萄糖 20 g，去离子水 1000 mL（固体培养基需添加琼脂 15 g）。在 115 ℃条件下高压灭菌 20 min。

（2）察氏培养基：$NaNO_3$ 3 g，$K_2HPO_4$ 1 g，$MgSO_4$ 0.5 g，KCl 0.5 g，$FeSO_4 \cdot 7H_2O$ 0.01 g，蔗糖 30 g，去离子水 1000 mL（固体培养基需添加琼脂 15 g）。在 121 ℃条件下高压灭菌 20 min。

（3）羽毛粉培养基：$NaNO_3$ 3 g，$K_2HPO_4$ 1 g，$MgSO_4$ 0.5 g，KCl 0.5 g，$FeSO_4 \cdot 7H_2O$ 0.01 g，蔗糖 30 g，鸡毛粉 10 g，琼脂 20 g，pH 自然。在 121 ℃条件下高压灭菌 20 min。

（4）发酵培养基：鸡羽毛（完整的原生鸡羽毛）10 g，$K_2HPO_4$ 0.5 g，NaCl 1.2 g，$ZnSO_4$ 0.05 g，$CaCl_2$ 0.2 g，pH 值为 8。在 121 ℃条件下高压灭菌 20 min。

研究菌株为淡紫紫孢霉。

2. 仪器及其他用品：涡旋振荡器、恒温培养箱、生化培养箱、烘箱、摇床、超净工作台、高压蒸汽灭菌锅、紫外-可见分光光度计、三氯乙酸、纱布或擦镜纸、快速定性滤纸。

## 实验步骤

1. 菌株的活化：将淡紫紫孢霉菌株于 PDA 固体培养基上活化后，挑取菌饼于新的 PDA 固体培养基中，于 25 ℃恒温培养箱中培养 7 d。

2. 淡紫紫孢霉孢子悬液的制备：具体如下。

（1）将 20 mL EP 管提前加入 7 mL 0.05% Tween-80，盖盖，置于试管架上。

（2）用接种铲将菌丝轻轻刮下，转移至 20 mL EP 管中，加入 3 mL 0.05% Tween-80 清洗培养基，并将皿内液体全部转移至 20 mL EP 管中，加 0.05% Tween-80，补齐至 10 mL，经涡旋振荡器混匀 1 min 后静置。

（3）将步骤（2）中的菌液用纱布或擦镜纸过滤至新的 20 mL EP 管中，随后将纱布或擦镜纸取出，将过滤后的孢子悬液滴进血球计数板计数，并将孢子浓度调整至 $1 \times 10^7$ 个/mL，最终取 1 mL 接种到发酵培养基（100 mL）中。

3. 发酵：将装有 100 mL 发酵培养液的三角瓶于 28 ℃ 的摇床中以 150 r/min 培养 120 h，离心（3000 r/min，10 min，4 ℃），取上清液备用。

## 结果 分析

1. 鸡羽毛角蛋白降解率测定：具体如下。

干重测定法：将发酵 6 d 的发酵液用快速定性滤纸过滤，将过滤所得的鸡羽毛滤渣用烘箱烘干，测其重量。其计算公式如下：

鸡羽毛角蛋白降解率（%）＝（加入的鸡羽毛干重－残渣干重）/加入的鸡羽毛干重×100%

重复 3 次，取平均值。

2. 角蛋白酶活力测定：具体如下。

（1）反应混合物：4 mL 28 mmol/L Tris － HCl 缓冲液（pH 值为 8）、1 mL 酶溶液（4 ℃，1000 r/min，15 min）和 20 mg 鸡羽毛粉末。将之孵化在 37 ℃ 的水浴锅中，以 150 r/min 离心 1 h 后，立即加入 2 mL 10% TCA（w/v）终止反应，在 4 ℃ 条件下静置 30 min。

（2）随后以 10000 r/min、4 ℃ 离心 15 min，取上清液，在 280 nm 处测定吸光值。对照组的处理步骤相同，只是在孵化前加入了三氯乙酸。

（3）酶活力：在 pH 值为 8、温度为 37 ℃ 的条件下 1 h 水解角蛋白使光吸收值增加 0.1 所对应的酶量为 1 个酶活力单位（U）。测定 3 次，取平均值。

计算淡紫紫孢霉对鸡羽毛的降解率及其产生的酶活力。

## 思考题

1. 如何提高淡紫紫孢霉降解鸡羽毛的降解率？

2. 鸡羽毛中含有哪些主要的生物聚合物？丝状真菌如何针对这些聚合物进行降解？

3. 鸡羽毛降解过程中可能产生的副产物有哪些？这些副产物对环境或生态系统是否有潜在影响？

# 实验 9－4　酿酒酵母发酵小麦淀粉分析

## 实验概述

啤酒是人类最古老的酒精饮料，是水和茶之后世界上消耗量排名第三的饮料。啤酒发酵过程是啤酒酵母在一定条件下利用麦汁中的可发酵物质进行的正常生命活动，其代谢产物就可以制备成啤酒。由于酵母类型、发酵条件、产品要求及产品风味的不同，发酵方式也不相同。本实验利用酿酒酵母发酵小麦淀粉，以了解啤酒发酵的过程，掌握啤酒发酵的方法和条件，学会用传统发酵的方法酿制啤酒。

## 目的要求

1. 掌握酒精发酵过程中各种监控数据的检测方法。
2. 了解淀粉质原料酒精发酵的全过程。

## 实验原理

在酿造啤酒的过程中，首先需要对小麦进行磨碎和淀粉化处理，然后添加酵母菌进行发酵。酿酒酵母的可发酵性糖为葡萄糖、果糖及麦芽糖，发酵顺序为葡萄糖＞果糖＞麦芽糖。其反应式如下。

1. EMP - TCA 循环产生酵母繁殖过程中的能量转换：

$$C_6H_{12}O_6 + 6O_2 + 38ADP + 38Pi \rightarrow 6CO_2 + 6H_2O + 38ATP + CoQ$$

2. EMP - 丙酮酸—酒精发酵途径，由葡萄糖发酵生成酒精的总反应式如下：

$$C_6H_{12}O_6 + 2ADP + 2H_3PO_4 \rightarrow 2CH_3CH_2OH + 2CO_2 + 2ATP$$

通过这个过程，小麦中的糖分被酵母菌转化为酒精和 $CO_2$，最终生成啤酒。

## 实验材料

小麦淀粉、酿酒酵母、水、恒温培养箱。

## 实验步骤

1. 将适量的水、酿酒酵母添加至小麦淀粉中，搅拌均匀，直到形成浓稠的面糊。
2. 将搅拌均匀的面糊置于恒温培养箱中，以便于酿酒酵母能进行糖化反应。
3. 当面糊完成糖化后，开始进行发酵，可在面糊中添加适量酿酒酵母，以加速发酵过程。
4. 当发酵完成后，小麦酿酒液中会产生酒精和 $CO_2$，将适量的澄清剂加入酒液中，混匀，静置，以沉淀固体颗粒。
5. 取上层酒液于密封容器中，以促进酒液二次发酵。
6. 发酵好的酒液需在恒温条件下储存。

## 结果分析

绘制酒精发酵过程中 $CO_2$ 的释放量的曲线图。

## 思考题

1. 酿酒酵母如何利用小麦淀粉进行发酵？它们通过哪些生物化学途径将淀粉转化为酒精和其他代谢产物？
2. 酿酒酵母对小麦淀粉的发酵效率受到哪些因素的影响？这些因素如何影响发酵过程？

## 实验 9-5 降解有机磷农药的微生物菌株的筛选

### 实验概述

农药使用一方面可以保证农业的稳产和增产，另一方面则对土壤、大气和水环境带来了不同程度的影响。一些有机磷农药毒性强、降解慢、作用时间长，可在土壤中长期存在，造成农产品中农药残留超标，再通过食物链危害人体健康。降解有机磷农药的方法有化学法（氧化、还原和水解）、物理法（包裹、焚烧和填埋）及生物降解法（吸附催化、氧化、光降解、生物降解）。微生物具有种类多、变异快和易于操纵的特点，是生物修复的重要资源。目前筛选到的有机磷农药高效降解菌种主要有细菌、真菌和藻类等。本实验以获得降解有机磷农药的微生物为目的，对有机磷农药降解菌进行分离、筛选，这对有机磷微生物降解具有重要意义。

### 目的要求

1. 掌握一种从富集有机磷农药污染土壤中分离出高效降解有机磷农药菌株的方法。
2. 了解有机磷降解菌在修复有机磷污染土壤中的应用。

### 实验原理

有机磷农药通常是含有 C—P 键或 C—O—P、C—S—P、C—N—P 键的农药化合物，有些有机磷农药（如甲胺磷）主要含有 C—H 键、C—N 键、C—O 键、P—S 键和 P=O 键等化学键。有机磷农药进入土壤环境后，土壤中的微生物产生相应的酶，在这些酶的作用下，上述化学键被打断，使有机磷农药被降解。有机磷农药对土壤中的活性酶也存在抑制性，抑制程度的大小随着外界环境的变化而变化，而且不同种类的有机磷农药对酶的影响也是不同的，但反过来，有机磷农药对酶的活性也具有一定的刺激作用。微生物降解农药的总过程可表示为：

农药+微生物（酶）→微生物（酶）+降解产物（中间产物、$CO_2$、$H_2O$）

### 实验材料

1. 实验试剂及培养基：供试土壤采自长期施用有机磷农药的果园、蔬菜地或污水处理区等，土样的采集深度为地表及地表以下 5～10 cm 处。

(1)牛肉膏蛋白胨培养基：牛肉膏 3 g，蛋白胨 10 g，NaCl 5 g，去离子水 1000 mL，pH 值为 7～7.2，在 121 ℃条件下灭菌 20 min（固体培养基需添加琼脂 15 g）。

(2)有机磷培养基：葡萄糖 10 g，$(NH_4)_2SO_4$ 0.5 g，NaCl 0.3 g，KCl 0.3 g，$FeSO_4 \cdot 7H_2O$ 0.03 g，$MnSO_4$ 0.03 g，$MgSO_4$ 0.00.3 g，$CaCO_3$ 5 g，酵母膏 0.4 g，去离子水 1000 mL，pH 值为 7～7.5，在 121 ℃条件下灭菌 20 min。

（3）其他药品：磷标准液、抗坏血酸、钼酸铵显色液、HCl、$HNO_3$、NaOH、$H_2SO_4$。

2. 主要仪器及设备：培养皿、pH 计、高压蒸汽灭菌锅、锥形瓶、恒温培养箱、生化培养箱、显微镜、超净工作台、容量瓶。

## 实验步骤

1. 富集培养：称取 5 g 土样，加入盛有 95 mL 灭菌蒸馏水并装有无菌玻璃珠的锥形瓶中，在振荡器上振荡 18 h 后，制成菌悬液，将菌悬液接种于含 0.1％草甘膦的牛肉膏蛋白胨液体培养基中进行富集培养，以 37 ℃、150 r/min 培养 3 d 后，转接至含草甘膦的牛肉膏蛋白胨液体培养基中，在相同条件下继续培养 3 d。连续转接 5 次。

2. 分离、纯化：分别取富集驯化培养 5 次后的菌悬液 0.2 mL，稀释至 $10^{-6}$、$10^{-7}$、$10^{-8}$，涂布于牛肉膏蛋白胨固体培养基上，以 37 ℃条件下培养 3 d。挑取单菌落，采用四分划线法继续分离，直至完全分离出单菌株。将单菌株接种于斜面培养基上，在相同条件下培养后于 4 ℃冰箱中保存备用。取经过富集培养的混合菌种，采用四分区划线法置于恒温培养箱中培养 3 d，挑取单菌落，接种于斜面培养基上，在相同条件下培养 3 d 后，在 4 ℃的冰箱内保藏。

3. 初筛：将纯化好的单菌株点样接种于有机磷固体培养基上，培养 3 d，观察平板培养基上解磷圈的大小。将待测菌株的培养液离心过滤，以未接种的培养基滤液为对照，测定细菌在培养基生长初始时的 $OD_{600}$ 值，即 $OD_{CK}$。培养液连续培养 3 d 后，取样、离心、过滤，测定 $OD_{600}$ 值，即 $OD_n$。计算菌液浓度值：

$$菌液浓度值 = OD_n - OD_{CK}$$

4. 复筛：将初筛后的菌株接种于含 0.4％草甘膦的牛肉膏蛋白胨液体培养基中，以 37 ℃、150 r/min 培养 3 d。采用钼锑抗比色法分别测定其培养前后的总磷和无机磷含量，计算出培养前后有机磷农药含量的变化情况，从而得出菌株对有机磷农药的降解率。实验设 3 次生物学重复，同时以未接种微生物的培养基为对照。

（1）测定波长的选择：取 2 个 50 mL 容量瓶，分别加入 0 mL、5 mL 磷标准液，再分别加入 1 mL 抗坏血酸溶液，30 s 后加入 2 mL 钼酸铵显色液，用蒸馏水稀释至刻度线，以空白试剂作为对照，在 400～800 nm 波长进行全波长扫描，获得该溶液的最大吸收波长值。

（2）标准曲线的测定：分别取 0.02 mL、0.1 mL、0.2 mL、0.3 mL、0.4 mL、0.5 mL（相当于含磷 0.002 mg、0.01 mg、0.02 mg、0.03 mg、0.04 mg、0.05 mg）的磷标准液，置于 50 mL 容量瓶中，加入 1 mL 抗坏血酸，30 s 后加 2 mL 钼酸铵显色液，用水稀释至刻度线，混匀，静置 20 min，以空白试剂为对照，于最大吸收波长处测 A 值，绘制标准曲线。

（3）无机磷样品处理：对待测菌株液体培养 3 d 后，取 5 mL 菌液，置于 100 mL 容量瓶中，加入 1 mL HCl 和 1 mL $HNO_3$，加水 30 mL，加酚酞 2 滴。用 NaOH 滴至淡红色，再加少量 $H_2SO_4$，使淡红色正好褪去。用水稀释至刻度线，摇匀，测定无机磷的含量。

（4）总磷样品的处理：取 5 mL 菌液，置于锥形瓶中，加数粒沸石后，加 5 mL HNO$_3$、2 mL H$_2$SO$_4$ 和 2 mL 30% H$_2$O$_2$，在电炉上加热消解，直至大部分样品被分解。此过程中，在锥形瓶上放小漏斗，使消解液在锥形瓶内壁保持回流状态。冷却后，再加入 1 mL H$_2$SO$_4$，重复操作，直至溶液清亮。

冷却后，调节酸度，加 2 滴酚酞，用 NaOH 滴至淡红色，再加 H$_2$SO$_4$，使淡红色正好褪去，将溶液转移至 100 mL 容量瓶定容，测定总磷含量。

（5）有机磷含量测定：准确移取试样分解液 10 mL，置于 50 mL 容量瓶中，加 1 mL 抗坏血酸溶液，30 s 后加 2 mL 钼酸铵显色液，用水稀释至刻度线，混匀，静置 30 min，以空白试剂为对照，于最大吸收波长处测量吸光度，从标准曲线上查出磷含量。

## 结果分析

计算微生物对有机磷农药的降解率。具体计算公式如下：

$$有机磷农药降解率 = \frac{M_2 - M_1}{M_2} \times 100\%$$

式中，$M_1$ 指培养后有机磷含量，$M_2$ 指培养前有机磷含量。

计算有机磷：

$$有机磷(g/L) = 总磷 - 无机磷$$

## 思考题

1. 在总磷样品测定过程中加抗坏血酸的作用是什么？
2. 提高微生物有机磷降解率的方法有哪些？

# 实验 9-6  降解石油微生物菌株的筛选

## 实验概述

石油作为重要能源，是现代工业的"血液"，然而，石油在给人类带来快捷、便利的同时，也造成了越来越严重的环境污染，危害人类健康。传统的石油污染治理方法主要为物理和化学方法，但其治理效果不佳、耗资巨大，并残余大量的有毒物质于自然环境中。微生物修复技术（bioremediation）以其经济、安全、效率高、适用范围广和无明显的二次污染等显著优点越来越引起人们的关注。在正常环境下，石油降解菌一般只占微生物群落的 1%，而当环境受到石油污染时，降解菌比例可提高到 10%。通过富集和选择性培养从石油污染土壤中进行分离、筛选是获得高效石油污染物降解菌的传统微生物学方法。目前，国内外已获得石油降解菌（包括细菌、真菌、放线菌）共100 余属、200 多种。本实验以修复石油污染土壤为目标，筛选出石油降解菌，以期为石油污染物的降解提供支持。

## 目的要求

1. 掌握一种从石油污染土壤中分离与纯化石油降解菌的方法。
2. 了解石油污染物的来源与危害。
3. 了解石油降解菌在修复石油污染土壤中的应用。

## 实验原理

治理石油污染的关键是降解烃类化合物。微生物能够利用石油烃类作为碳源和能源，经过氧化、还原、分解、合成等生化作用，将石油污染物最终矿化转变为无害的无机物质（$CO_2$ 和 $H_2O$）。

烃类的降解途径主要可分两部分，即链烃的降解途径和芳香烃的降解途径。直链烷烃的降解方式主要有 4 种，即末端氧化、次末端氧化、β 氧化和 ω 氧化。此外，烷烃有时还可在脱氢酶作用下形成烯烃，再在双键处形成醇并进一步代谢。芳香烃的降解途径是在好氧条件下先被转化为儿茶酚或其衍生物，然后再进一步被降解。

因此，细菌和真菌降解的关键步骤是底物被氧化酶氧化的过程，此过程需要分子氧的参与。

## 实验材料

1. 实验试剂及培养基：具体如下。

(1)菌株来源：从受石油污染的土地上选取 2 处作为取样点，除去表层 2 cm 的部分，在 2～10 cm 取样。

(2)牛肉膏蛋白胨培养基：牛肉膏 3 g，蛋白胨 10 g，NaCl 5 g，去离子水 1000 mL，pH 值为 7～7.2，在 121 ℃条件下灭菌 20 min（固体培养基需添加琼脂 15 g）。

(3)石油无机盐培养基：$K_2HPO_4$ 6 g，$(NH_4)_2SO_4$ 6 g，NaCl 5 g，石油 1 g，微量元素液 0.1%，去离子水 1000 mL，pH 为值 7.2～7.4，在 121 ℃条件下灭菌 20 min。

(4)石油平板培养基：在石油无机盐培养基的基础上添加 15 g/L 的琼脂，在 121 ℃条件下灭菌 20 min，冷却后备用。

2. 仪器及设备：超净工作台、恒温培养箱、生化培养箱、锥形瓶、恒温摇床、马弗炉、高压蒸汽灭菌锅、容量瓶、电子天平、移液管、pH 计、玻璃珠、移液枪、离心管、分液漏斗、比色管、紫外-可见分光光度计、石英比色皿。

## 实验步骤

1. 菌株的富集：分别在 3 个锥形瓶内加入 95 mL 无菌水，瓶底铺满消毒且灭菌过的玻璃珠，向每个锥形瓶中加入 5 g 石油污染土样，在 37 ℃、150 r/min 的恒温摇床中培养 24 h。振荡后，静置 30 min，取 10 mL 混合液，加入石油无机盐液体培养基中进行微生物的富集，放入 37 ℃、150 r/min 的恒温摇床中培养 7 d，连续转接 3 次。将

3 次富集后的培养基上清液转入石油浓度为 1 g/L 的无机盐培养基中进行驯化，驯化时间为 5 d，连续增加石油浓度梯度驯化 3 次，每次驯化依次提高石油浓度 200 mg/L，最终筛选出具备石油降解能力的微生物，冷冻保存，用于后续实验。

2. 菌株的纯化：将上述驯化后的石油降解菌利用梯度稀释法进行 $10^0$、$10^{-1}$、$10^{-2}$、$10^{-3}$ 梯度稀释，分别以 0.5 mL 涂布量涂布于石油平板培养基中，放入 37 ℃ 的恒温培养箱培养 5 d，仅在涂布 $10^0$ 梯度的平板培养基中发现微生物明显繁殖，确定该组石油平板培养基内的微生物为最适合进行实验的石油降解微生物。挑取平板培养基内形态、颜色、生长状态等不一样的单菌落分别培养，利用平板划线法接种在石油平板培养基上，转接至菌落无差异后，即得到具备石油降解能力的菌株，冷冻保存，用于后续实验。

3. 石油降解率的测定：以沸程规格为 30～60 ℃ 的脱芳石油醚为萃取剂，萃取培养基中残余的石油，利用紫外分光光度法测定并计算石油烃降解率。

(1) 石油醚规格的选取：利用紫外-可见分光光度计在最佳吸收波长处测定沸程规格为 30～60 ℃ 和 60～90 ℃ 的 2 种石油醚的透光率，透光率越大，说明透过的可见光越多。选取透光率大的石油醚进行实验。

(2) 最大吸收波长的确定：溶质为实验所用石油，溶剂为石油醚，在 100 mL 容量瓶中加入 1 g 石油，振荡摇匀，此时石油浓度为 10000 mg/L。用移液管准确吸取 1 mL 上述石油溶液至 10 mL 容量瓶内，此时石油浓度为 1000 mg/L，将之作为石油标准储备液冷冻保存，用于后续实验。用移液管准确移取 1.25 mL 石油标准储备液至 25 mL 容量瓶内，添加石油醚，稀释到刻度线，即得到 50 mg/L 的石油溶液。选取带盖的 10 mm 石英比色皿，减少挥发对实验结果造成的影响，参比液为石油醚，利用紫外-可见分光光度计测定 50 mg/L 的石油溶液在 200～400 nm 处的吸收光谱图，根据扫描结果确定最佳吸收波长，用于后续实验。

(3) 标准曲线的绘制：溶剂为石油醚，溶质为实验所用石油，配制 4 mg/L、8 mg/L、12 mg/L、20 mg/L、30 mg/L、40 mg/L 和 50 mg/L 的石油标准溶液，在最佳吸收波长下，选用 10 mm 石英比色皿，参比液为石油醚，测定配制完成的各浓度石油溶液的吸光度值，得到以石油浓度为横坐标、以吸光度值为纵坐标的石油浓度测定标准曲线。

(4) 降解率的测定：挑取分离、筛选、培养、纯化后的石油降解菌，分别接种到牛肉膏蛋白胨液体培养基中进行活化和扩培，放入 37 ℃、150 r/min 的恒温摇床中培养 24 h，再用移液枪吸取 5% 扩培后的菌液，接种到石油无机盐液体培养基中，设置平行样，每隔相同的时间取出一组，一份为接种菌液的培养基，另一份为不接种菌液的空白培养基，测定培养基中石油的降解情况。

在恒温摇床中取出降解后的石油液体培养基和对照组培养基，倒入 50 mL 离心管内，加入石油醚进行萃取，将其置于 6000 r/min 的条件下离心 12 min，转入分液漏斗，静置分层，收集上清液，共用石油醚洗涤 3 次，并将上清液收集在一起。用 2 g 经马弗炉 400 ℃ 煅烧的无水 $Na_2SO_4$ 过滤，吸收多余的水分，之后装入 10 mL 比色管中，加入石油醚，定容至刻度线，重复此操作并稀释，使得石油浓度可落在标准曲线范围内，用紫外-可见分光光度计进行在之前吸收峰谱图中确定的最佳入射波长处,以石油醚作为参比液测定吸光度值,通过标准曲线计算得到残余的石油浓度和,并通过公式计算得出对应培养基中石油的降解率。

降解率＝(对照组石油浓度－降解后残余石油浓度)/对照组石油浓度×100％

## 结果分析

请将降解石油微生物菌株筛选的结果填入表 9-1。

表 9-1  降解石油微生物菌株筛选的结果

| 菌株 | 降解率 |
| --- | --- |
| 1 | |
| 2 | |
| 3 | |
| 4 | |

## 思考题

1. 在标准曲线绘制实验过程中,溶剂石油醚的作用是什么?

2. 在筛选微生物以降解有机磷农药时,应考虑哪些主要因素?

3. 筛选出的具有降解石油能力的微生物菌株可能会面临哪些应用挑战?

# 实验 9-7  降解塑料微生物菌株的筛选

## 实验概述

塑料广泛应用于社会生活的各个领域,在带来便利的同时,产生的塑料垃圾给生态环境带来的压力越来越大。微生物降解作为一种安全、环保的塑料垃圾处理方式,备受关注。聚乙烯醇(PVA)是一种人工合成的水溶性高分子化合物,外观为白色或微黄色的纤维状粉末,工业上通常是由聚乙烯酯皂化制得,是塑料原料中占比较大的原料之一。因为 PVA 在自然环境中不易降解,所以大量 PVA 废水会对环境产生严重的负面影响。目前,关于新型可降解塑料 PVA 降解菌的研究主要集中在一些研究充分的较为普遍的微生物上,包括假单胞菌(*Pseudomonas*)、鞘氨醇单孢菌(*Sphingomonas*)和寡养食单胞菌(*Stenotrophomonas*),因此,获得一种新型塑料 PVA 降解微生物,并对其进行更进一步的基因组数据分析,可以加强我们对 PVA 生物降解的理解。

## 目的要求

1. 利用透明圈法筛选具有降解 PVA 活性的真菌菌株。

2. 了解塑料生物降解机制。

## 实验原理

聚合物生物降解指在生物作用下，聚合物发生降解、同化的过程。能够进行生物降解的微生物主要包括细菌、放线菌、真菌等。

生物降解的作用机理大致可分为以下三类：①生物物理作用，生物细胞的增长使得聚合物组分水解、电离质子化，聚合物发生机械性毁坏，分裂成低聚物碎片；②生物化学作用，微生物对聚合物作用后生成新物质（$CH_4$、$CO_2$ 和 $H_2O$）；③酶直接作用，微生物分泌的酶侵蚀塑料，导致其分裂或氧化崩裂。生物降解是一个非常复杂的过程，除具有生物物理、生物化学效用，还伴有水解、氧化等物化作用。

## 实验材料

1. 实验试剂及培养基：具体如下。

（1）PDA 固体培养基：马铃薯 200 g，葡萄糖 20 g，去离子水 1000 mL（固体培养基需添加琼脂 15 g），以 115 ℃高压灭菌 20 min。

（2）刚果红（DRBC）固体培养基：DRBC 培养基粉末 31.5 g，去离子水 1000 mL，以 121 ℃高压灭菌 20 min。

（3）PVA 筛选培养基：PVA 1 g，$K_2HPO_4$ 1.6 g，$KH_2PO_4$ 0.2 g，$MgSO_4$ 0.25 g，$CaCl_2$ 0.05 g，$FeSO_4$ 0.02 g，$NaCl_2$ 0.02 g，$NH_4NO_3$ 0.4 g，去离子水 1000 mL（固体培养基需添加琼脂 15 g）。在 121 ℃高压蒸汽灭菌锅中灭菌 20 min。

（4）溶液 1——$H_3BO_3$ 溶液：称取 4 g $H_3BO_3$，置于 100mL 蒸馏水中。

（5）溶液 2——碘–碘化钾溶液：称取 2.5 g 碘化钾，溶于一定量的蒸馏水中，待溶解后，加入 1.27 g 碘，定容于 100 mL。

（6）显色剂：将溶液 1 与溶液 2 以 5∶1 的比例混合。

2. 仪器及设备：万分之一天平、高压蒸汽灭菌锅、无菌具塞试管、超净工作台、恒温培养箱。

## 实验步骤

1. 菌株的分离、培养：配制 0.1%蛋白胨培养基，在 121 ℃高压蒸汽灭菌锅中灭菌 20 min 后，分装于无菌具塞试管内，每管 9 mL。取 1 g 土样，在超净工作台内加入上述有蛋白胨水的无菌具塞试管内，剧烈振荡。将菌悬液 10 倍稀释至 $10^{-4}$ 浓度。分别取 $10^{-2}$、$10^{-3}$、$10^{-4}$ 标本悬液 200 μL，涂布于 PDA 培养基、DRBC 平板培养基各 1 块。先以 25 ℃正置培养 12 h，然后倒置培养。培养 48 h 后，每 12 h 观察 1 次，挑取形态不同的孤立菌落，于 PDA 固体平板培养基上分区划线培养。待获得均一菌落并存在单菌落时，视为菌株已纯化，接种于 PDA 斜面培养基上（25 ℃，5 d），保存于 4 ℃条件下待用。

2. 降解菌株的筛选：将菌株接种于 PVA 筛选固体培养基上，以 25 ℃倒置培养

2 d。将显色剂喷洒于平板培养基上，计算透明圈直径与菌落直径比，以评估菌株降解效率。

## 结果分析

请将降解塑料微生物菌株筛选的结果填入表 9 - 2。

表 9 - 2　降解塑料微生物菌株筛选的结果

| 菌株编号 | 外圈直径(mm) | 内圈直径(mm) | 透明圈直径(mm) | 比例 |
|---|---|---|---|---|
| 1 | | | | |
| 2 | | | | |
| 3 | | | | |
| 4 | | | | |

## 思考题

1. 在筛选微生物菌株时，需要考虑哪些因素，以确保所选菌株具有高效的降解能力和生存适应性？

2. 真菌降解塑料的优势是什么？

3. 选出具有较高塑料降解能力的微生物菌株，接下来的实验步骤是什么？如何进一步评估其在实际环境中的降解效果和应用潜力？

# 附录　实验报告

院系：　　　　　　　　　课程名称：　　　　　　　　　日期：

| 班级 | | 学号 | | 姓名 | |
|---|---|---|---|---|---|
| 专业 | | | | 任课教师 | |
| 实验名称 | | | | 成绩评定 | |
| 实验目的、原理、要求 | | | | | |
| 实验步骤 | | | | | |
| 结果分析 | | | | | |

# 参考文献

[1]ATLAS R M. Petroleum biodegradation and oil spill bioremediation[J]. Marine Pollution Bulletin, 1995, 31(4 - 12): 178 - 182.

[2]BAIG D N, MEHNAZ S. Determination and distribution of cry - type genes in halophilc *Bacillus thuringiensis* isolates of Arabian Sea sedimentary rocks[J]. Microbiological research, 2010, 165(5): 376 - 383.

[3]BERDUGO M, DELGADO - BAQUERIZO M, SOLIVERES S, et al. Global ecosystem thresholds driven by aridity[J]. Science, 2020, 367(6479): 787 - 790.

[4]BHASKAR N, SUDEEPA E S, RASHMI H N, et al. Partial purification and characterization of protease of *Bacillus proteolyticus* CFR3001 isolated from fish processing waste and its antibacterial activities[J]. Bioresource Technology, 2007, 98(14): 2758 - 2764.

[5]BRIONES A, RASKIN L. Diversity and dynamics of microbial communities in engineered environments and their implications for process stability[J]. Current Opinion in Biotechnology, 2003, 14(3): 270 - 276.

[6]CAVELLO I A, HOURS R A, CAVALITTO S F. Bioprocessing of "Hair Waste" by *Purpureocillium lilacinum* as a source of a bleach - stable, alkaline, and thermostable keratinase with potential application as a laundry detergent additive: characterization and wash performance analysis [J].Biotechnology Research International, 2012, 2012: 369308.

[7]CECI A, SPINELLI V, MASSIMI L, et al. Fungi and arsenic: tolerance and bioaccumulation by soil saprotrophic species [J].Applied Sciences, 2020, 10 (9): 3218.

[8]CHAO H J, SCHWARTZ J, MILTON D K, et al. Populations and determinants of airborne fungi in large office buildings[J]. Environmental Health Perspectives, 2002, 110(8): 777 - 782.

[9]CHUNG K R, SHILTS T, ERTÜRK Ü, et al. Indole derivatives produced by the fungus *Colletotrichum acutatum* causing lime anthracnose and postbloom fruit drop of citrus[J]. FEMS Microbiology Letters, 2003, 226(1): 23 - 30.

[10] FORGHANI F, HAJIHASSANI A. Recent advances in the development of environmentally benign treatments to control root - knot nematodes[J]. Frontiers in Plant Science, 2020, 11: 1125.

[11]GARCIA - PICHEL F, LOZA V, MARUSENKO Y, et al. Temperature drives the continental - scale distribution of key microbes in topsoil communities[J]. Science, 2013, 340(6140): 1574 - 1577.

[12]GRADIšAR H, FRIEDRICH J, KRIŽAJ I, et al. Similarities and specificities of fungal keratinolytic proteases: comparison of keratinases of *Paecilomyces marquandii* and *Doratomyces microsporus* to some known proteases[J]. Applied and Environmental Microbiology, 2005, 71: 3420 - 3426.

[13]JAWSON M D, ELLIOTT L F, PAPENDICK R I, et al. The decomposition of $^{14}$C - labeled wheat straw and $^{15}$N - labeled microbial material[J]. Soil Biology and Biochemistry, 1989, 21(3): 417 - 422.

[14]JELLOULI K, BOUGATEF A, MANNI L, et al. Molecular and biochemical characterization of an extracellular serine - protease from *Vibrio metschnikovii* J1[J]. Journal of Industrial Microbiology and Biotechnology, 2009, 36(7): 939 - 948.

[15]KAWAI F, HU X. Biochemistry of microbial polyvinyl alcohol degradation[J]. Applied Microbiology and Biotechnology, 2009, 84(2): 227 - 237.

[16]KUYPERS M M M, MARCHANT H K, KARTAL B. The microbial nitrogen - cycling network[J]. Nature Reviews Microbiology, 2018, 16(5): 263 - 276.

[17]LI D W, MONDIA J L. Airborne fungi associated with ornamental plant propagation in greenhouses[J]. Aerobiologia, 2010, 26(1): 15 - 28.

[18]LI Q X. Progress in microbial degradation of feather waste[J]. Frontiers in Microbiology, 2019, 10: 2717.

[19]LI X, ZHANG ZY, REN Y L, et al. Diversity and functional analysis of soil culturable microorganisms using a keratin baiting technique[J]. Microbiology, 2022, 91(5): 542 - 552.

[20]LIBBERT E, MANTEUFFEL R. Interactions between plants and epiphytic bacteria regarding their auxin metabolism: VII. The influence of the epiphytic bacteria on the amount of diffusible auxin from corn coleoptiles[J]. Physiologia Plantarum, 1970, 23(1): 93 - 98.

[21]MINAMOTO T, NAKA T, MOJI K, et al. Techniques for the practical collection of environmental DNA: filter selection, preservation, and extraction[J]. Limnology, 2016, 17: 23 - 32.

[22]MITCHELL R J, CAMPBELL C D, CHAPMAN S J, et al. The ecological engineering impact of a single tree species on the soil microbial community[J]. Journal of Ecology, 2010, 98(1): 50 - 61.

[23]MOHITE B. Isolation and characterization of indole acetic acid (IAA) producing bacteria from rhizospheric soil and its effect on plant growth[J]. Journal of Soil Science and Plant Nutrition, 2013, 13(3): 638 - 649.

[24]MOULI P C, MOHAN S V, REDDY S J, et al. Assessment of microbial (bacteria) concentrations of ambient air at semi – arid urban region: influence of meteorological factors[J]. Applied Ecology and Environmental Research, 2005, 3(2): 139 – 149.

[25]MWANGI M W, MUIRU W M, NARLA R D, et al. Effect of soil sterilisation on biological control of *Fusarium oxysporum* f. sp. *lycopersici* and *Meloidogyne javanica* by antagonistic fungi and organic amendment in tomato crop[J]. Acta Agriculturae Scandinavica, Section B – Soil & Plant Science, 2018, 68(7): 656 – 661.

[26]NEIDHARDT F C, BLOCH P L, SMITH D F. Culture medium for enterobacteria [J]. Journal of Bacteriology, 1974, 119(3): 736 – 747.

[27]ØVREÅS L, TORSVIK V. Microbial diversity and community structure in two different agricultural soil communities[J]. Microbial Ecology, 1998, 36: 303 – 315.

[28]PETROVICH M L, MAAMAR S B, HARTMANN E M, et al. Viral composition and context in metagenomes from biofilm and suspended growth municipal wastewater treatment plants[J]. Microbial Biotechnology, 2019, 12(6): 1324 – 1336.

[29]ROH C, VILLATTE F, KIM B G, et al. Comparative study of methods for extraction and purification of environmental DNA from soil and sludge samples[J]. Applied Biochemistry and Biotechnology, 2006, 134: 97 – 112.

[30]RUSHABH S, KAJAL C, PRITTESH P, et al. Isolation, characterization, and optimization of indole acetic acid – producing *Providencia* species (7MM11) and their effect on tomato (*Lycopersicon esculentum*) seedlings[J]. Biocatalysis and Agricultural Biotechnology, 2020, 28: 101732.

[31]SCHNITZER M. Soil organic matter – the next 75 years[J]. Soil Science, 1991, 151(1): 41 – 58.

[32]SINGH J S. Microbes: the chief ecological engineers in reinstating equilibrium in degraded ecosystems[J]. Agriculture, Ecosystems & Environment, 2015, 203: 80 – 82.

[33]SMIT E, LEEFLANG P, GLANDORF B, et al. Analysis of fungal diversity in the wheat rhizosphere by sequencing of cloned PCR – amplified genes encoding 18S rRNA and gradient gel electrophoresis[J]. Applied and Environmental Microbiology, 1999, 65(6): 2614 – 2621.

[34]SOKOL N W, SLESSAREV E, MARSCHMANN G L, et al. Life and death in the soil microbiome: how ecological processes influence biogeochemistry[J]. Nature Reviews Microbiology, 2022, 20(7): 415 – 430.

[35]SONG D, XI X, ZHENG Q, et al. Soil nutrient and microbial activity responses to two years after maize straw biochar application in a calcareous soil[J]. Ecotoxicology and Environmental Safety, 2019, 180: 348 – 356.

[36]SPAEPEN S, VERSÉES W, GOCKE D, et al. Characterization of phenylpyru-

vate decarboxylase, involved in auxin production of *Azospirillum brasilense*[J]. Journal of Bacteriology, 2007, 189(21): 7626 – 7633.

[37]SPROER C, REICHENBACH H, STACKEBRANDT E. The correlation between morphogenetic classification of myxobacteria[J]. International Journal of Systematic Bacteriology, 1999, 49: 1255 – 1262.

[38]SUN R, WANG F, HU C, et al. Metagenomics reveals taxon – specific responses of the nitrogen – cycling microbial community to long – term nitrogen fertilization [J]. Soil Biology and Biochemistry, 2021, 156: 108214.

[39]TAKABAYASHI T, IMOTO Y, SAKASHITA M, et al. Nattokinase, profibrinolytic enzyme, effectively shrinks the nasal polyp tissue and decreases viscosity of mucus[J]. Allergology International, 2017, 66(4): 594 – 602.

[40]THERON J, CLOETE T E. Molecular techniques for determining microbial diversity and community structure in natural environments[J]. Critical Reviews in Microbiology, 2000, 26(1): 37 – 57.

[41]WANG J, ZHAO S, XU S, et al. Co – inoculation of antagonistic *Bacillus velezensis* FH – 1 and *Brevundimonas diminuta* NYM3 promotes rice growth by regulating the structure and nitrification function of rhizosphere microbiome[J]. Frontiers in Microbiology, 2023, 14: 1101773.

[42]WANG J M, LIN Q Q, WANG Y Y, et al. Research on soybean curd coagulated by lactic acid bacteria[J]. SpringerPlus, 2013, 2: 250.

[43]WANG S L, YANG C H, LIANG T W, et al. Optimization of conditions for protease production by *Chryseobacterium taeanense* TKU001[J]. Bioresource Technology, 2008, 99(9): 3700 – 3707.

[44]WANG X, SHI Z, ZHAO Q, et al. Study on the structure and properties of biofunctional keratin from rabbit hair[J]. Materials, 2021, 14(2): 379.

[45]WEI Y, FU J, WU J, et al. Bioinformatics analysis and characterization of highly efficient polyvinyl alcohol (PVA) – degrading enzymes from the novel PVA degrader *Stenotrophomonas rhizophila* QL – P4[J]. Applied and Environment Microbiology, 2018, 84(1): e01898 – 17.

[46]XIA Y, LUO H, WU Z, et al. Microbial diversity in jiuqu and its fermentation features: saccharification, alcohol fermentation and flavors generation [J]. Applied Microbiology and Biotechnology, 2023, 107(1): 25 – 41.

[47]YAMATSU A, MATSUMI R, ATOMI H, et al. Isolation and characterization of a novel poly (vinyl alcohol) – degrading bacterium, *Sphingopyxis* sp. PVA3[J]. Applied Microbiology and Biotechnology, 2006, 72: 804 – 811.

[48]ZHANG Z Y, SHAO Q Y, LI X, et al. Culturable fungi from urban soils in China I: description of 10 new taxa[J]. Microbiology Spectrum, 2021, 9(2): e00867 – 21.

[49]ZHOU J，DENG Y E，SHEN L，et al. Temperature mediates continental-scale diversity of microbes in forest soils [J]. Nature Communications，2016，7(1)：12083.

[50]ZhOU J，XUE K，XIE J，et al. Microbial mediation of carbon-cycle feedbacks to climate warming[J]. Nature Climate Change，2012，2(2)：106-110.

[51]包绵俊，金任毛，黄毅，等. 大肠杆菌对几种抗菌药物的药物敏感试验[J]. 畜牧兽医科技信息，2012，(8)：36-37.

[52]才忠喜."葡萄酒制作"的实验探究[J]. 生物学教学，2015，40(6)：40-41.

[53]曹雨. 现代分子生物学技术在环境微生物领域的应用[J]. 建筑与预算，2020，(1)：54-57.

[54]曾维友，周於强，池浩. 泡菜中乳酸菌的分离鉴定及抗性筛选[J]. 中国酿造，2021，40(10)：163-167.

[55]陈刚新，卢紫欣，李魁晓，等. 实时荧光定量PCR法对温度变化下不同工艺硝化细菌丰度的影响[J]. 净水技术，2020，39(S1)：106-109，226.

[56]陈佳兴，秦琴，邱树毅，等. 磷尾矿土壤中解磷细菌的筛选及解磷能力的测定[J]. 生物技术通报，2018，34(6)：183-189.

[57]陈剑山，郑服丛. ITS序列分析在真菌分类鉴定中的应用[J]. 安徽农业科学，2007，(13)：3785-3786.

[58]陈晶晶，王伏伟，刘曼，等. 土壤中纤维素降解真菌的筛选及其纤维素酶活性的研究[J]. 安徽农业大学学报，2014，41(4)：654-661.

[59]陈峻峰. 抗生素对养猪废水厌氧生物处理系统中微生物多样性的影响[D]. 长沙：湖南农业大学，2015.

[60]陈诗江，王清文. 生物降解高分子材料研究及应用[J]. 化学工程与装备，2011，7：142-144.

[61]陈万浩，梁建东，韩燕峰，等. 纵观虫草（真菌）的来世今生[J]. 菌物学报，2021，40(11)：2894-2905.

[62]陈万浩. 二斑叶螨类酵母共生菌和蛛生真菌的分子鉴定及遗传多样性[D]. 贵阳：贵州大学，2017.

[63]陈艳丽，陈卫东. 一种绿色健康保健型葡萄酒的酿造[J]. 当代化工研究，2016，(10)：67-69.

[64]陈雨波，朱伯龙. 中国土木建筑百科辞典·建筑结构[M]. 北京：中国建筑工业出版社，1999.

[65]陈雨兢. 醪糟的家庭制作方法以及原理[J]. 食品界，2017，(10)：130.

[66]成林，成坚，王琴，等. 酒曲微生物菌群对酿造酒产品风味影响的研究进展[J]. 中国酿造，2020，39(10)：1-4.

[67]程水明，刘仁荣. 微生物学实验[M]. 武汉：华中科技大学出版社，2015.

[68]迟璐. 晋西10种地衣的特性及对环境影响的研究[D]. 北京：北京林业大

学，2014.

[69]储薇，郭信来，张晨，等．丛枝菌根真菌-植物-根际微生物互作研究进展与展望[J]．中国生态农业学报（中英文），2022，30(11)：1709-1721.

[70]崔宝凯，袁海生，周丽伟，等．大小兴安岭针叶树倒木上木腐真菌的物种多样性[J]．生物多样性，2019，27(8)：887-895.

[71]崔春晓．东营滨海盐地碱蓬内生中度嗜盐菌的分离、鉴定和回接[D]．济南：山东师范大学，2011.

[72]杜海萍，宋瑞清，王钰祺．几种真菌产木质素降解酶的比较研究[J]．林业科技，2006，31(4)：20-24.

[73]樊美珍．中国虫生真菌研究与应用（第四卷）[M]．北京：中国农业科技出版社，1997.

[74]樊明涛．食品微生物学实验[M]．北京．科学出版社，2015.

[75]费继蕊．紫外线对爪蟾组织细胞、氧化应激和共生微生物的影响[D]．哈尔滨：哈尔滨师范大学，2024.

[76]封硕．生物可降解高分子材料研究综述[J]．中山大学研究生学刊（自然科学、医学版），2012，33(1)：29-33.

[77]冯广达，陈美标，羊宋贞，等．用于 PCR 扩增的细菌 DNA 提取方法比较[J]．华南农业大学学报，2013，34(3)：439-442.

[78]冯金晓，李明珠，李翠萍，等．传统泡菜中两株耐酸性乳酸菌的分离与鉴定[J]．食品与机械，2021，37(5)：22-26.

[79]付路静，宗鸿，彭彦彦．桑葚魔芋酸奶的研制[J]．农产品加工，2024，(2)：16-20.

[80]盖霞普，翟丽梅，王洪媛，等．生物炭对土壤微生物量及其群落结构的影响[J]．沈阳农业大学学报，2017，48(4)：399-410.

[81]高鹏，南志标，吴永娜，等．罗布麻锈病病原菌鉴定[J]．植物保护学报，2017，44(1)：129-136.

[82]葛伟，张芝元，董醇波，等．野生鸡油菌子实体可培养微生物多样性及其功能分析[J]．菌物学报，2021，40(5)：1054-1073.

[83]宫秀杰，钱春荣，于洋，等．近年纤维素降解菌株筛选研究进展[J]．纤维素科学与技术，2021，29(2)：68-77.

[84]谷羚毓．腌蛋腐败盐水中耐盐菌和嗜盐菌分离鉴定及多样性分析[D]．哈尔滨：黑龙江大学，2020.

[85]郭明权，郭晓奎．人体皮肤微生态及其与皮肤病的关系[J]．皮肤科学通报，2019，36(4)：436-443.

[86]韩彩霞，张丙昌，张元明，等．古尔班通古特沙漠南缘苔藓结皮中可培养真菌的多样性[J]．中国沙漠，2016，36(4)：1050-1055.

[87]韩淑梅，李欣，张芝元，等．微生物角蛋白酶的特性及其应用研究进展[J]．2021，48(11)：4315-4326.

[88]贺云龙，齐玉春，彭琴，等．外源碳输入对陆地生态系统碳循环关键过程的影响及其微生物学驱动机制[J]．生态学报，2017，37(2)：358-366．

[89]侯泽林．从土壤中筛选碱性蛋白酶产生菌及产酶条件优化研究[D]．哈尔滨：东北农业大学，2022．

[90]黄宗庆，田林升，李小梅，等．从甘蔗渣泥中分离降解木质素的真菌[J]．生物学杂志，2010，27(1)：53-56．

[91]菅盼盼．大连市几种草本花卉叶斑病病原菌的鉴定及其生物防治[D]．大连：辽宁师范大学，2018．

[92]巨天珍，任海峰，孟凡涛，等．土壤微生物生物量的研究进展[J]．广东农业科学，2011，38(16)：45-47．

[93]康定旭，沈德周，刘亭，等．不同林龄云南松根际土壤丛枝菌根真菌多样性[J]．西北林学院学报，2023，38(3)：117-122．

[94]孔令辉．果酒（葡萄酒）的制作及品质鉴定[J]．科学中国人，2017，(21)：173．

[95]李成龙．西咸新区大型真菌资源调查与产酶研究[D]．杨凌：西北农林科技大学，2023．

[96]李德利，丁鹏敏，刘双月，等．人肠道微生物中抗菌活性菌株的筛选及其代谢产物研究[J]．中国现代中药，2020，22(1)：26-34．

[97]李红婷，张帅，邹柯姝，等．珠江河口水体环境 DNA 提取方法的建立及优化[J]．南方水产科学，2022，18(3)：30-37．

[98]李家泰，李耘，齐慧敏．2002 年至 2003 年中国革兰阴性细菌耐药性检测研究[J]．中华检验医学杂志，2005，28(1)：19-29．

[99]李敏．"微生物的实验室培养——平板划线法"实验的改进[J]．中学生物教学，2016，(7)：2．

[100]李淑彬，周仁超，刘玉焕，等．曲霉 M—2 降解有机磷农药（甲胺磷）的研究[J]．微生物学通报，1999，(1)：27-30．

[101]李淑兰，陈永亮．不同落叶林林下凋落物的分解与养分归还[J]．南京林业大学学报(自然科学版)，2004，28(5)：59-62．

[102]李晓倩．一种适合于 PCR 扩增的真菌基因组 DNA 提取方法[J]．山东农业大学学报(自然科学版)，2011，42(1)：49-53．

[103]李旭，张芝元，董醇波，等．中国南方可培养嗜角蛋白真菌群落组成和多样性及影响因素[J]．菌物学报，2023，42(12)：2356-2373．

[104]李志瑞．有机磷农药降解菌的分离筛选及其降解性能的初步研究[D]．西安：西北大学，2008．

[105]梁敏华，赵文红，白卫东，等．白酒酒曲微生物菌群对其风味形成影响研究进展[J]．中国酿造，2023，42(5)：22-27．

[106]林标声，陈雪英，江胜滔，等．土壤中高效石油降解菌的筛选及其降解特征的研究[J]．福建师范大学福清分校学报，2010，98(2)：11-16．

[107]林赤辉，郭小雨，康文慧，等．耕地不同管理措施对土壤碳循环的影响研究[J]．西部资源，2020，(2)：165－168.

[108]凌琪．空气微生物学研究现状与展望[J]．安徽建筑工业学院学报（自然科学版），2009，17(1)：75－79.

[109]刘海飞，邓春英，李丹，等．贵州习水国家级自然保护区大型真菌多样性资源调查[J]．中国瓜菜，2023，36(12)：78－84.

[110]邹淑华．土壤锌污染水平对东南景天内生细菌多样性的影响[D]．广州：华南农业大学，2023.

[111]刘太林．花生酸奶制作工艺的研究[J]．现代食品，2019，(11)：40－44.

[112]刘炜，马晓军，候书贵，等．东天山地区庙儿沟雪坑中微生物多样性、群落结构与环境关系研究[J]．微生物学报，2007，(6)：1019－1026.

[113]刘霞，陈建军，张军强，等．马瑟兰桃红葡萄酒酿造工艺优化[J]．河西学院学报，2022，38(5)：8－15.

[114]刘鑫蓓．土壤中聚乙烯与聚乙烯醇降解菌筛选及降解特性研究[D]．泰安：山东农业大学，2023.

[115]刘杏忠．中国虫生真菌研究与应用（第五卷）[M]．北京：中国农业科学技术出版社，2003.

[116]刘愚，霍文严，贺雪莲，等．陕西省大型真菌新记录种—吉林拟鬼伞[J]．中国食用菌，2023，42(2)：11－14.

[117]刘宇星．刺梨果期叶斑病植株的真菌群落特征及抑菌效果探究[D]．贵阳：贵州大学，2023.

[118]刘梓韬，王继坤，王丽，等．2种真菌漆酶降解桉叶木质素的比较[J]．食品与发酵工业，2017，43(10)：49－55.

[119]龙欣钰，孟祥佳，曹帅，等．水稻纹枯病生防菌株的筛选、鉴定及其防治效果[J]．植物保护学报，2022，49(6)：1620－1630.

[120]娄海霞．一株地衣内生真菌次生代谢产物的研究[D]．济南：山东师范大学，2017.

[121]卢紫欣，陈刚新，张春蕊，等．实时荧光定量PCR法对不同A～2/O工艺中硝化细菌丰度的研究[J]．广东化工，2021，48(1)：87－90＋71.

[122]鲁如坤．土壤农业化学分析方法[M]．北京：中国农业科技出版社，2000.

[123]陆文昕，吴凡子，周辛璇，等．口腔需氧菌及兼性厌氧菌种分离鉴定系统的建立[J]．武汉大学学报（医学版），2015，35(12)：1710－1714.

[124]路福平，李玉．微生物学实验技术[M]．2版．北京：中国轻工业出版社，2020.

[125]罗静，唐仁勇，易树敏．腐乳研究现状及可控化调控技术展望[J]．现代食品，2023，29(21)：42－48.

[126]马明超，周晶，李俊，等．土壤微生物生态学实验指导[M]．北京：中国农业科学技术出版社，2020.

[127]马瑶．湿疹皮炎患者并发皮肤细菌感染的病原菌分布与耐药性分析[J]．抗感染药学，2022，19(5)：711－713．

[128]苗志加，孟祥源，李书缘，等．丛枝菌根真菌修复重金属污染土壤及增强植物耐性研究进展[J]．农业环境科学学报，2023，42(2)：252－262．

[129]明惠青，李莉．甲胺磷降解菌的筛选及降解特性研究微生物学杂志[J]，2006，26(2)：60－63．

[130]牟林．红葡萄酒的制作工艺流程[J]．吉林农业，2015，(4)：111．

[131]缪婷，赵定锡，刘继勇，等．微波-喷淋联合杀菌工艺在醪糟加工中的应用研究[J]．食品与发酵科技，2020，56(5)：36－40，54．

[132]戚家明，孙杉杉，张东旭，等．芽孢杆菌BS－6基于全基因组数据的分类鉴定及拮抗能力分析[J]．生物技术通报，2019，35(10)：111－118．

[133]阚云飞，杨昌彪，朱平，等．腐乳发酵过程中微生物种群结构研究进展[J]．食品安全质量检测学报，2022，13(5)：1582－1587．

[134]尚家起，刘婧，李佳颖，等．菌群16S rRNA基因测序的聚类分析方法研究进展[J]．中国微生态学杂志，2023，35(7)：864－869．

[135]邵秋雨，董醇波，张芝元，等．生长不同植物的刺槐树洞附生土中真菌群落组成的初步调查研究[J]．菌物学报，2019，38(6)：822－830．

[136]邵宗泽，许晔，马迎飞，等．2株海洋石油降解细菌的降解能力[J]．环境科学，2004，25(5)：133－137．

[137]沈萍，陈向东．微生物学实验[M]．4版．北京：高等教育出版社，2007．

[138]沈鑫．人工条件下鸡毛降解过程中真菌群落的动态变化[D]．贵阳：贵州大学，2019．

[139]舒俊江，鲍荣粉，黄科文，等．丛枝菌根真菌对桃幼苗生长及硒富集的影响[J]．湖北农业科学，2023，62(8)：113－119，126．

[140]硕莉．浅谈实验室制作酸奶的方法[J]．中学生物学，2009，25(9)：38－39．

[141]侣胜利，邹莎莎，吴书云，等．纤维素降解菌的分离、鉴定与产酶条件探究[J]．南方农业，2022，16(2)：21－23＋54．

[142]宋凌浩，宋伟民，施玮，等．上海市大气微生物污染对儿童呼吸系统健康影响的研究[J]．环境与健康杂志，2000，17(3)：135－138．

[143]宋新燕，肖茜，王蓉蓉，等．自然发酵剁辣椒中优良酵母菌的筛选及鉴定[J]．中国酿造，2022，41(6)：69－73．

[144]孙思琦，瓮岳太，邸雪颖，等．木质素降解真菌的筛选及其对森林地表可燃物的降解效果[J]．中南林业科技大学学报，2021，41(1)：29－36．

[145]汤桂兰，花日茂．聚磷菌的诱变选育及其生长特性[J]．生物技术，2006，16(2)：34－37．

[146]唐亮．降解有机磷农药微生物的筛选及降解条件研究[D]．重庆：西南大学，2008．

[147]唐先谱，新月，王实玉，等．乳酸菌在泡菜发酵中的研究进展[J]．中国食品添加剂，2023，34(12)：285-290.

[148]唐玉龙．平板分区划线法实验及考核标准探讨[J]．华夏医学，2012，25(2)：267-269.

[149]陶虎春，谢勇，张丽娟，等．一株氢氧化细菌的生长条件及其对不同氮源利用的研究[J]．北京大学学报(自然科学版)，2021，57(4)：756-764.

[150]滕泽栋，李敏，朱静，等．解磷微生物对土壤磷资源利用影响的研究进展[J]．土壤通报，2017，(1)：229-235.

[151]万明铢．高产碱性蛋白酶菌株的筛选及酶学性质的研究[D]．兰州：兰州理工大学，2023.

[152]汪小杰．一种臭常山内生真菌的分类及其次级代谢产物的研究[D]．贵阳：贵州大学，2023.

[153]王海燕，董醇波，张延威，等．土壤耐高温真菌群落组成及其降解角蛋白能力分析[J]．菌物学报，2023，42(10)：2076-2090.

[154]王辉，陈民钧，倪语星，等．2003年至2004年中国十家教学医院革兰阴性杆菌的耐药分析[J]．中华医学检验杂志，2005，(12)：1295-1303.

[155]王加龙，刘驰，雷丽，等．非共生固氮菌及其固氮作用[J]．微生物学报，2022，62(8)：2861-2878.

[156]王锦瑞．微生物实验基础理论与操作研究[M]．长春：吉林科学技术出版社，2023.

[157]王小洁，李士谣，李亚巍，等．猕猴桃软腐病病原菌的分离鉴定及其防治药剂筛选[J]．植物保护学报，2017，44(5)：826-832.

[158]王永明，范洁群，石兆勇．中国丛枝菌根真菌分子多样性[J]．微生物学通报，2018，45(11)：2399-2408.

[159]王幼珊，张淑彬，殷晓芳，等．中国大陆地区丛枝菌根真菌菌种资源的分离鉴定与形态学特征[J]．微生物学通报，2016，43(10)：2154-2165.

[160]王振伟．蔓越莓酸奶的研制及工业化应用研究[D]．上海：华东理工大学，2021.

[161]吴春燕，徐晓静，杜鹃，等．银屑病患者并发皮肤细菌感染的病原菌及耐药性分析[J]．中国病原生物学杂志，2023，18(12)：1462-1465.

[162]吴林香．浙江省天目山系大型真菌多样性调查及资源分析[D]．合肥：安徽农业大学，2023.

[163]吴庆贵，谭波，杨万勤，等．亚高山森林林窗大小对凋落叶木质素降解的影响[J]．生态学报，2016，36(18)：5701-5711.

[164]吴云，范丙全，隋新华，等．适应菲胁迫的高效聚磷菌筛选及聚磷特性研究[J]．环境科学，2008，(11)：3172-3178.

[165]武觐文．中国虫生真菌研究与应用(第三卷)[M]．北京：中国农业科技出版社，1993.

[166]夏闻采，董醇波，白旭明，等．仁怀市地衣资源初步调查[J]．山地农业生物学

报，2023，42(6)：80-86.

[167]肖斌，蒋代华，刘立龙，等．土壤微生物多样性研究中总 DNA 提取技术进展[J]．湖北农业科学，2012，51(23)：5253-5258.

[168]邢亚薇．基于荧光定量 PCR 的黄土旱塬农田土壤微生物丰度研究[D]．西安：陕西师范大学，2021.

[169]徐爱荣，周晓惠．生物监测技术在水环境工程中的应用[J]．中国资源综合利用，2019，37(12)：191-193.

[170]徐德强，王英明，周德庆．微生物学实验教程[M]．4 版．北京：高等教育出版社．2019.

[171]徐晋杰，邓波，郭云浩，等．四川泡菜中优良乳酸菌的筛选与应用[J]．农产品加工，2023，(19)：4-8.

[172]徐珂．五株地衣内生真菌的化学成分及其生物活性研究[D]．济南：山东大学，2020.

[173]闫雷，梁斌，王爱杰，等．微生物降解磺胺甲恶唑的研究进展[J]．微生物学报，2020，60(812)：2747-2762.

[174]阳静，张静，邹伟，等．环境微生物 DNA 提取方法研究进展[J]．食品与机械，2017，33(3)：207-210，215.

[175]杨东升，罗先群，王新广．$CO_2$ 对啤酒发酵过程中酵母生长代谢及酯的形成影响[J]．中国酿造，2013，32(4)：70-73.

[176]杨美霞，王欣宇，刘栋，等．中国食药用地衣资源综述[J]．菌物学报，2018，37(7)：819-837.

[177]杨明，袁悦，李宪臻，等．不同环境中纤维素降解菌群多样性差异分析[J]．江西农业大学学报，2020，42(1)：174-186.

[178]杨全毅，李宏伟，刘亮德，等．石油污染土壤生物修复技术研究进展[J]．化工机械，2023，50(5)：601-606.

[179]杨小南，李宇斌．辽宁省大气污染对人体健康的危害及研究展望[J]．气象与环境学报，2007，23(1)：62-65.

[180]姚槐应．土壤微生物生态学及其实验技术[M]．北京：科学出版社，2006.

[181]应时，全哲学．人体皮肤微生物群落研究进展[J]．微生物与感染，2013，8(3)：166-173.

[182]余利岩，姚天爵．Actinobacteria 的分离与鉴定[J]．微生物学通报，2001，28(5)：36-40.

[183]张宸瑞，李晓岗，顾雯，等．丛枝菌根真菌促进植物抵抗生物胁迫作用机制的研究进展[J]．中草药，2023，54(9)：3022-3031.

[184]张成霞，南志标．土壤微生物生物量的研究进展[J]．草业科学，2010，27(6)：50-57.

[185]张东艳，刘晔，吴越，等．花生根际产 IAA 菌的筛选鉴定及其效应研究[J]．中

国油料作物学报，2016，38(1)：104－110.

[186]张二豪，何萍，刘盼盼，等．西藏沙棘酵母菌的分离鉴定及其产香特性分析[J].
食品科学，2022，43(20)：207－215.

[187]张鸿宇，崔云前．调控高浓啤酒发酵过程产生二氧化硫的研究[J]. 中外酒业，
2023，7：42－47.

[188]张磊．中国石油安全分析与对策研究[D]. 天津：天津大学，2007.

[189]张森，刘俊杰，刘株秀，等．黑土区农田土壤氮循环关键过程微生物基因丰度的
分布特征[J]. 土壤学报，2022，59(5)：1258－1269.

[190]张青青，董醇波，梁宗琦，等．不同产地杜仲树皮可培养内生真菌群落组成和多
样性[J]. 菌物学报，2021，40(10)：2685－2699.

[191]张书亚，李玲，陈秀龙，等．香榧果实褐斑病病原菌鉴定及防治药剂筛选[J]. 植
物保护学报，2017，44(5)：817－825.

[192]张伟芳，侯喜琴．NCCLS M27－A 微量法测定白色念珠菌对伊曲康唑的药物敏感
性[J]. 福建医药杂志，2013，35(4)：75－77.

[193]张晓红，姜博，张文武，等．京津冀区域市政污水厂活性污泥种群结构的多样性
及差异[J]. 微生物学通报，2019，46(8)：1896－1906.

[194]张旭．不同谷物曲发酵燕麦黄米醪糟工艺优化及品质评价[D]. 呼和浩特：内蒙
古农业大学，2023.

[195]张玉苗．农业微生物实验技术[M]. 北京：化学工业出版社，2019.

[196]赵蓓，赵民．醪糟加工工艺优化及包装成本分析[J]. 中国调味品，2022，47(8)：
115－117.

[197]赵本学，杨云深，韩燕峰，等．仁怀市大型真菌资源初步调查[J]. 山地农业生物
学报，2023，42(6)：72－79.

[198]赵咏梅．微生物实验教程[M]. 西安：陕西师范大学出版社，2018.

[199]郑欢，张芝元，韩燕峰，等．刺槐树洞悬土可培养真菌群落组成及其多样性分析
[J]. 菌物学报，2017，36(5)：625－632.

[200]钟斌，陶文玲，倪思毅，等．一株纤维素降解菌的筛选、鉴定及产酶条件优化[J].
江西农业大学学报，2021，43(5)：1167－1177.

[201]周德庆．微生物学教程[M]. 4 版．北京：高等教育出版社，2020.

[202]周德庆．微生物学教程[M]. 北京：高等教育出版社，2011.

[203]周桔，雷霆．土壤微生物多样性影响因素及研究方法的现状与展望[J]. 生物多样
性，2007，15(3)：306.

[204]周璇，杨彩玲，孟庆峰，等．一株地衣内生真菌 *Daldinia childiae* 的化学成分
[J]. 菌物学报，2021，40(1)：40－47.

[205]祝晓飞，刘洪，周倩．一种快速制备丝状真菌 PCR 反应模板的方法[J]. 菌物学
报，2023，42(8)：1798－1806.